写给女人一生幸福的忠告

CARNEGIE'S ADVICES OF
HAPPINESS FOR LADIES

[美] 戴尔·卡耐基 著 亦言 译

中国友谊出版公司

图书在版编目（ＣＩＰ）数据

写给女人一生幸福的忠告／（美）卡耐基
(Carnegie,D.) 著；亦言译. — 北京：中国友谊出版
公司，2013.10（2022.4重印）

ISBN 978-7-5057-3226-1

Ⅰ．①写… Ⅱ．①卡… ②亦… Ⅲ．①成功心理－女
性读物 Ⅳ．①B848.4-49

中国版本图书馆CIP数据核字(2013)第164977号

书名	写给女人一生幸福的忠告
作者	［美］戴尔·卡耐基
译者	亦言
出版	中国友谊出版公司
发行	中国友谊出版公司
经销	新华书店
印刷	唐山富达印务有限公司
规格	889×1194 毫米　32 开
	8.5 印张　198 千字
版次	2013 年 10 月第 1 版
印次	2022 年 4 月第 5 次印刷
书号	ISBN 978-7-5057-3226-1
定价	39.80 元
地址	北京市朝阳区西坝河南里 17 号楼
邮编	100028
电话	(010) 64678009

电话 (010) 59799930-601

序　言

　　我和我的机构在美国的各个地方都进行过大规模的演说。在台上演讲的人，可以说包括了美国各行业的人物，其中有大公司的经理人、商业协会的主席、科学家、心理学家，当然也有秘书、工人、面包供应商和威士忌酒销售人员。他们由平凡走向成功，成为行业中小有名气的人。当然，他们中的大部分并非是为了名利而来，只是为了进一步完善自己，获得更加美好的人生。

　　在前来听课的各行各业人士中，有一部分人是不容忽视的，那就是为了家庭幸福，或是为了达成自己梦想而来的女士们。我在演讲中也尽量顾及到这一类人，我的妻子桃乐丝更是为此举办了许多类型的女子演讲课程，将我们的些许心得送给那些需要的家庭。

　　桃乐丝曾经在一个商业学校专门为一些 20 多岁的女士授课。在一堂课上，桃乐丝让她的女学员们填写了一份问卷调查，这份问卷是专门为各类女士设计的，桃乐丝告诉她们可以选择匿名回答。

　　我对其中的两个问题记忆犹深。其中的一个是：你认为自己在 10 年之内会结婚吗？另外的一个问题是：如果你必须在事业和婚姻中做出选择，你会选择什么？令我感兴趣的是，答案是那样的一致，尽管她们都是匿名回答的。对于第一个问题，她们的答案是"会的"，而第二个问题的答案是"婚姻"。

这个结果对于我和我的机构，在针对婚姻方面的授课是极有益处的。因为，女士们在婚姻问题上持有的一致性态度，可以避免使我们再去强调事业的重要性，而是能够将重点放在如何经营起幸福的婚姻以及如何做好一个妻子上。通过这份调查问卷，我了解到大多数女性都将婚姻作为她们生活的重点。

女士们在穿上婚纱的那一刻起，就梦想着与自己的丈夫一步步走向幸福和美满，同时也期望自己能够帮助丈夫实现他的梦想，携手度过人生百年。

我和桃乐丝在主持卡耐基妇女讲习会的工作期间，接触到了各种各样的女性。她们遇到的问题也是我们在家庭生活中经常见到的。我们都认为，一名优秀的妻子需要具备解决生活中的各种矛盾和冲突的能力，她们只需要运用一些简单的方法就可以帮助丈夫获得成功，并使她们的家庭生活充满欢声笑语。

我和桃乐丝对此进行了详细的整理，尽可能完备地向大家提出我们的建议，并将我们的心得及时传授给那些渴望获得幸福的女士。在这本书里，不仅有我们的亲身实例，更有我们周围的一些夫妇的生活实例，这些事例都是真实而贴切的，其中还包括了参与到卡耐基培训课程中的学员的实例。在这里，我要感谢这些各行各业的杰出人士，他们愿意向大家分享他们的心得，我要为他们允许我和桃乐丝援引他们的访谈记录而表示感谢。

桃乐丝起初担心有些读者会误解我们的意思，认为我们是把建立一个幸福家庭的责任完全推给了妻子们。我一开始也有这样的顾虑，因此我必须在这里向大家再次申明，家庭是由每一个家庭成员组成的，想要到达幸福的彼岸，必须由所有家庭成员共同努力完成。男人肩负着和女人同样的责任，只因为这本书的初衷是写给那些可爱的女士们的，是为了告诉这些女士如何帮助丈夫取得成功，如何使自己独立自强，所以才要着重强调女性在家庭的作用。而一个成功的丈夫，既要从事他所感兴趣的工作且不断获得进步，又需要使自己的家庭幸福富足。

我们的方法可能对于一部分人来说是不屑一顾的。因为她们认定某些男人是天生的破坏者。当然，没有任何一种办法是完美无缺的，我们只是找出来一些对大多数人比较有效的办法，如果你正在对你的丈夫、你的家庭以及你自己失去信心，那么我想这本书对你会有所帮助。

我和桃乐丝都相信，如果你的确按照这本书中所说的方法去做，你和你的丈夫肯定能够向前迈进一大步。女士们是那样的聪慧，只要她们能够明智而巧妙地运用这些方法，就一定可以跨越荆棘和障碍，帮助自己和丈夫达到成功的彼岸，也因此让自己获得愉悦。

戴尔·卡耐基

目录 CONTENTS

第1章
守护最初的梦想

女人不要置身于男人的梦想之外，即使这个梦想并不是为了你。你要为他守护最初的梦想，帮他找到下一个目标，陪他共同度过冒险之旅，你的身影应该出现在他梦想的掘金地。

请记住，你不仅是他生活上的伴侣，更是实现他梦想的参与者、合伙人。

最初的梦想

1910 年，纽约仍然是各地年轻人梦想的掘金之地。有两个年轻人也因此来到了纽约，他们身上并没有多少钱，只能住进廉价的寄宿公寓。

这两个年轻人分别是戴尔·卡耐基和惠特尼。戴尔来自密苏里州的玉米种植区，是一个年少无知的梦想家，而惠特尼则来自马萨诸塞州的乡下。当时，这两个年轻人默默无闻。但是几年后，戴尔已被世人所熟知，没有人敢再忽视这两个年轻人的存在。

惠特尼跟那些来自乡下的孩子们一样出身贫寒，但他的不同之处在于，坚信自己一定会成为一家大公司的老板。

惠特尼走出廉价公寓找到的第一份工作是做销售员，服务于一家大型的食品连锁店。为了尽快熟悉业务，他总是趁着午餐时间去批发部门帮忙。当然，惠特尼并非期望着别人会感激自己，也没有期望会得到更多的报酬，他只是一门心思的认为自己应该这么做。他的努力并没有白费。当一个更好的职位有了空缺时，食品店老板最先想到了让惠特尼去负责那项工作。

日子一天天过去，尽管还是要经历失望和挫折，但惠特尼却在悄悄地发生着变化，他从原来的零售店员升为了业务员，又渐渐地成为部门主管、区域经理。

就在大家都认定惠特尼会继续做下去，而且会得到更好的职位时，惠特尼却作出了一个重大决定，他决定辞掉这份工作。惠特尼认为公司里面老板的亲戚太多，阻碍了自己升迁的机会。

在这里，他遭遇了许多挫折，因为他发现，在这家公司必须要具有足够的资历才能得到晋升。这表明，他可能到死都不能成为参与决策的高级职员。但他始终没有忘记自己的目标，并最终达成了它。后来，惠特尼成为橘子包装公司和蓝月乳酪公司的总裁。

"我总有一天会成为一家大公司的总裁。"在纽约的廉价公寓里，这个来自乡下的小伙子这样对他的室友戴尔说。我们知道惠特尼并不是在做不切实际的白日梦，因为他在为自己树立下目标的同时，也在持续不断地努力，他最初的梦想成为推进他前进的原动力。

这不得不让我们思考，为什么惠特尼能够一步步地走向成功，而许多人却陷入了失败的旋涡无法自拔呢？

当然，他工作很努力，可是别人也一样勤奋。也许是学历的原因？但他只是利用了业余时间进行自修，并不比别人特别多少。其实根本原因在于，他十分清楚自己的奋斗方向。他做的所有事情，义务加班、更换岗位、学习并掌握工作中的新技能，都是为了一个目的——成为一家公司的总裁。

漫无目标是成功者最大的忌讳。一些人总是随随便便地找份工作，稀里糊涂地结婚。尽管他们迫切地希望改变现状，但心中却没有明确的目标。这就是导致他们无法成功的原因。

纽约市新温斯顿饭店里设有一个"职业咨询处"，安·海奥德女士是这里的创办人。在那里，那些对目前的岗位和现状不满意的人都可以在她这里得到参考意见。我当时对人们的事业问题有很大的兴趣，于是便花费了几个下午和安女士讨论失业问题。

"我的客户群主要是那些对自己工作不满意的人，他们完全不清楚自己想要什么，我的工作就是帮助他们确立目标。"安女士这样说道。

我因此而想到，一个妻子所能做到的最好的就是帮助丈夫找出生命中最渴望得到的东西，然后与丈夫同心协力地去实现它。妻子对丈夫的了解，显然要比安女士来得透彻，也更适合扮演丈夫的"职业咨询人"这一角色。

《婚姻指南》的作者塞莫和伊塞克林认为："一桩美满的婚姻不可缺少共同的理想，而这个理想到底是什么却是无关紧要，关键在于，要拥有共同的理想。"

同时，他们对此作出了详细的解释："最关键的一点是对未来有所期望，并尽其所能使它成为现实。快乐、情趣、参与感，可以在构思、想象和希望中得到，从共享胜利和失望、成功与失败里得到。"

来自堪萨斯州的威廉·戈里翰夫妇就验证了这个道理，他们的成功便是源于最初梦想的共同订立和执行。在堪萨斯州，"威廉·戈里翰油料公司"的名气日渐高涨，这都要得益于威廉·戈里翰的出色指导和高超的运营方式。威廉未满50岁，却已经从油料经营的生意中赚取到了令人羡慕的利润。威廉的成功不仅是经营油料公司，还有对婚姻的成功经营。威廉·戈里翰和他的夫人玛瑞莉拥有许多令人羡慕的成绩：六个健康又美丽的孩子，富裕而舒适的家，不断发展且蒸蒸日上的事业。

威廉·戈里翰和我是老交情了，我问威廉他成功最大的秘诀是什么？威廉给我的答案是："我和玛瑞莉从一开始就制订了长远的计划，我们分工协作，并坚持不懈地为之努力。"

和威廉走进婚姻后，玛瑞莉就知道了丈夫的梦想，她一直坚定地支持着丈夫的事业。他们最开始从事的是房地产生意，也就是为客户介绍房屋并从中抽取佣金。对未来的期许，对成功的渴望，促使他们在工作上丝毫不敢马虎，并且毫不懈怠。创业之初，他们将自己的办公室设立在一幢办公大楼的废弃通道的末端。就是在这样恶劣的环境里，玛瑞莉负责联络市场，威廉则东奔西跑地拉生意。

尽管两人都十分努力，但是他们的房地产事业却进展得十分缓慢。创业初期，他们的收入少得可怜，日子过得很窘迫。玛瑞莉必须精打细算，才能保障全家不饿肚子。

后来，他们的生意渐渐好转，业务规模也不断扩大。威廉用赚来的钱买下房子，然后再卖出去，从中赚取利益。随着房地产生意越来越红火，威廉手头的资金也更加充裕起来，于是他开始涉足一些其他产业，以便获得更多的发展机会。

获悉了丈夫的想法后，玛瑞莉立即表示支持，两人在认真规划和考察后，决定投资油料生意。"威廉·戈里翰油料公司"便由此诞生了。于是，我们便看到了威廉公司如今的成功。

现在，威廉又有了新的计划，他和玛瑞莉正在考虑国外投资的可能性。我知道一旦他们拿定了主意，便会立即将它付诸实践。

戈里翰夫妇的计划和目标是根据威廉所接受的教育、培养的兴趣和个人的性情来选择订立的。玛瑞莉曾说，一旦威廉达成了一个目标，必定要再寻找下一个更具挑战性的目标，否则他会感到人生了无生趣。当然，在新目标的制立与执行中，玛瑞莉一直都在积极参与，也正是通过这样共同面对挑战的过程，威廉夫妇的感情愈加深厚。

想要获得成功，必须先经过订立计划、付诸实施、实现目标这样的过程。戈里翰夫妇的成功无疑印证了这句话的正确性。在射击场上，瞄准靶心总比盲目射击更能接近目标，哪怕还是会出现一些偏差。

"混淆不清，正是烦恼的根源。"哥伦比亚大学著名教授狄恩海波特·郝基斯曾这样说，这位已故教授的话在今天看来依然富有建设性。其实，"混淆不清"不仅是烦恼的根源，同时还是成功最大的敌人。因此，要想使丈夫出人头地，首先便要鼓励他找到人生的重心，并为他制订出一个明确的目标和计划。

作为一位妻子,你首先应该搞清楚,你和丈夫的心中对成功的标准是什么。是一大笔金钱?是万人敬仰的社会地位?还是显赫的权势?是帮助别人以及被别人救助时那份快乐,还是一份合乎心意的安稳工作?

这些正是你们在行动之前首先要考虑的问题。对于成功,每个人都有自己的理解和界定,每个人看待成功的标准也不尽相同。因此,成功的定义是千变万化,多种多样的。只有找出你们对于成功的标准,才能制定出成功的共同目标。

作为妻子,首先应该协助丈夫找到内心的梦想,明白他的想法,促其达成目标。在我们生活的四周,也有一些这样的夫妇,他们干劲十足,对待工作充满激情,他们各自做着最充分的准备,但到了实施的时候才发现彼此的方向或目标是不同的。这是多么可惜和悲哀的事情!

即使你的丈夫已经确定了自己的志向,你也不要以为你可以高枕无忧了。在丈夫的创业过程中,还有许多的事情需要你做,你必须参与到他的长期计划中。

"相爱的意义在于注视着同一个方向,而不是双目对视。只有这样才能让爱延续下去。"我已经忘记了这句话的出处了,但是它无疑是一句至理名言,对于有抱负的夫妇来说更是最好的忠告。

女人步入了婚姻的殿堂后,第一件需要解决的事情就是"帮助你的先生找到他最初的梦想"。这也是你们获得成功的第一步。

找出下一个目标

尼科·亚历山大最大的心愿就是能够进学校读书。尼科是一个苦命的孩子，从小就过着苦难的生活。尼科和孤儿院里其他的孤儿一样，每天早上五点就要开始工作，直到太阳落山才能停止。即使这样努力的工作，他们的生活仍然过得很艰苦。伙食也非常糟糕，有时候甚至没有东西吃。在如此艰难环境中成长的尼科，上大学就成为他一直以来最大的梦想。

尼科是一个聪明的孩子，14 岁的他就已经学完了中学的所有课程并顺利毕业。然而尼科上大学的梦想却没有实现，14 岁的他就不得不踏入社会，寻找工作机会，过自食其力的生活。

经过多次的碰壁之后，尼科终于找到一份愿意雇用他的工作。这是一家裁缝店，尼科的工作是操作店里的缝纫机。尼科在这家缝纫店工作了将近 14 年，尽管后来裁缝店加入到了工会，工作时长被缩短了，工人的薪水也得到了提高，但是可怜的尼科还是没有攒够上大学的钱，他的梦想被一再延迟。

在这 14 年间，尼科最大的收获便是组建了一个家庭，并且非常幸运地娶到了一位支持他实现梦想的女孩。

尽管如此，尼科还是没有从此一帆风顺，相反，命运又给了他们一次沉重的打击。尼科一直效力的裁缝店因为人手太多，决定裁员。工作 14 年之久的尼科虽然极不情愿，但还是在与妻子特蕾莎商量之后，放弃了这份工作。辞职后，这对年轻的夫妇决定自己创业，他们将创业的项目定在了房地产上。两人拿出了所有的积蓄，用这些钱开了一家"亚历山大房地产公司"。为了充裕公司的周转资金，特蕾莎甚至卖掉了自己的订婚戒指。

尼科和特蕾莎用心地经营着他们的房地产公司，公司的业务也渐渐有了起色。几年之后，亚历山大房地产公司在当地已经小有名气，尼科对房地产业务的掌握也越来越得心应手。但是特蕾莎一直没有忘记尼科最初的梦想。在她的鼓励和支持下，30 多岁的尼科上了大学，并在自己 36 岁的时候拿到了学士学位，完成了他人生中最大的梦想。

大学毕业后，尼科继续从事房地产事业，特蕾莎仍然一如既往地协助丈夫。此时，两人又制定了一个新的目标——海滨别墅。他们很快实现了这个梦想，在海边拥有了一幢美丽的别墅。

有些夫妇拥有了这些后，也许会觉得该好好休息了。但是尼科夫妇可不这样想，他们还有一个可爱的女儿，正在上学，他们不得不为女儿的未来打算。如果他们能够分期付款，买下商业大楼，然后将大楼变成公寓出租，那么以后靠着租金的收入就足以支付孩子上大学的费用了。经过一段时间的努力，他们也将这一想法付诸实现了。

特蕾莎跟我说，他们现在的目标是足额缴纳自己的退休保险金，为此他们二人继续努力着，但却不再是同时专注在一个目标上了，工作方面由尼科一手负责，她则全力照顾家内的事。

亚历山大夫妇的生活看起来十分忙碌，却令人很羡慕。他们是幸福的，也是成功的。为什么亚历山大夫妇能够做到这些呢？

这是因为他们每向前迈一步，都要重新为自己设定一个目标，在他们前面始终有一个新的目标需要达成，所有的努力都指向一个明确的方向。萧伯纳说过："我厌弃成功，成功就是在世上完成一个人所要做的事，正如雄蜘蛛一旦授精完毕，就立刻要被雌蜘蛛刺死一样。我喜欢不断地进步，目标永远是在前面，而不是在后面。"显然，亚历山大认同并发现了这句真理。他们信奉的是萧伯纳的名言——我厌弃成功。

许多男人一辈子都是似是而非的，他们拒绝寻找自己真正的目标，得过且过。因此，他们丧失了成功的机会，成功也放弃了他们。还有的人，刚刚尝到一点成功的甜头，就安逸起来，做事情浅尝辄止，没有达到最后的成功，也没有品尝到最终的胜利果实。只有那些对目标坚定不移的人，才能获得真正的成功。他们的目光如炬、感觉灵敏，耐心等待机会，做好一切抓住机会赢得胜利的准备，并且在生活中也收获颇丰。

男人们如果没有明确的目标，作为妻子就要帮助丈夫使目标明确。为了帮助丈夫更好地完成一个长远的计划，妻子最好能将计划按时间进行分段，比如以五年为一个期限，五年之内，丈夫应该拿到大学学位证书，那么十年之内，丈夫应该做到经理的位子。如此，一次次地修定完善自己的目标，一步步达成自己的目标。

"我希望我的丈夫永远不要因为自我的满足而停下前进的脚步。我们结婚五年了，几乎每年都能制定出一个新目标，首先是他的学位，接着是他的进修课程，然后是一年的自由撰稿工作，直到现在我们开始发展自己的事业。他对自己充满信心，当然我也对他很有信心。当他具备了一定的教育程度、足够的经验累积，并有了足够的钱时，我就知道"蜜月"已经结束，新的生活即将开始。""职业咨询处"的一位顾客这样说道。这是一位非常明智的妻子。

有一句话是这样说的："无论你现在的状况如何，无论你的手中拥有什么，千万别忘记你最终想要的结果，唯有这样你才不至于感到失落。"这是一条永恒不变的真理。

当一个目标达成之后，我们应该马上制定出一个新的目标，这才是成功的生活方式。目标常新，追求不止。你必须同自己的丈夫一起不断追求新的目标，一旦实现了一个愿望，就要立刻树立起一个新的愿望，这才是真正的成功生活。

做好冒险的准备

"上帝啊，请赐给我一个年轻人，他必须有足够的胆识去做在别人看来很傻的事。"罗勃特·路易斯·史蒂文生说。

桃乐丝的祖父查理士·劳勃特森从小生活在堪萨斯州的农场里。他一直很想移居到泰里特利去。泰里特利是一个边界移民区，祖父希望能在那里做出一番事业。于是，祖父和祖母哈丽特打点好家中的一切，带着孩子们拖着行李前往了泰里特利。他们来到锡马龙河岸——位于现在的俄克拉荷马州的东北部定居下来。

抵达之后，祖父查理士先是建造起一座木屋，用篱笆圈出一块土地，供全家人居住和使用。不久，他又借了一些钱经营起一个小商店，这个小店就位于今天的俄克拉荷马州的杜尔沙市。

起初，他们的日子过得相当艰苦，加之哈丽特的健康状况不佳，维持生活都成了问题。祖父独自承担工作，祖母则要在家照看九个孩子，家中的一切琐事都需要祖母一人来承担。她甚至还要用旧报纸来糊木屋的墙壁。当地的医疗状况也很差，连一个医生都没有，孩子们读书的地方是一间破旧的教堂。困苦的生活、大额的债务、寒冷的严冬、炎热的酷暑，让他们的生活变得一团糟。即使是过着这样的生活，祖父在杜尔沙市人民眼中俨然已经是一个比较成功的人了。

尽管生活这样艰辛，祖父和祖母却从未想过退缩。他们努力在泰里特利站稳脚跟。后来，祖父成为一个成功的人，在当地很受敬重。他们的儿女们也都有美满的归宿。

可以说，美国每个州的发展，都离不开像查理士这样的男性。他们的目光远大，在边疆地区开荒拓土，施展拳脚，同时也要得益于像哈丽特这样的妻子，她们勇敢地陪伴着自己的丈夫，陪他们一同冒险，共同开创新的天地。

这些女性为丈夫打理行囊，陪丈夫共同拓荒。她们离开了自己熟悉的家乡，离开亲友和邻里，来到这样一个完全陌生的地方重新开始，独自挑起生活的重担。她们在家乡拥有的是一个农庄，可是在路上她们有的仅是一辆载满行李的敞篷马车，在遥远的前方她们拥有的仅是一座满墙贴着旧报纸的木屋。但是，这些女人并不后悔，包括我的祖母哈丽特。这些勇敢的妻子们除了对上帝的信仰之外，便只信仰她们的丈夫，同时也相信自己。

一个妻子必须具有和前辈一样的拓荒精神，放手让自己的丈夫去做他喜欢的事情，哪怕他的做法冒着很大的风险，也要和丈夫一起承担。冒险的过程中肯定会遭遇很多挫折，当挫折来临时，也要对你的丈夫充满信心，不遗余力地支持和鼓励他。如此，丈夫才有机会取得成功。能够破釜沉舟而努力实现进取心和创造力的人，不会为了其他的原因而退却。

我知道这样一个男人，他在自己并不喜欢的职业中工作了许多年，因为这份工作能给他一份稳定的薪水，保证他的太太以及孩子们衣食无忧。当他表示想换一个工作环境时，他的太太立即表达出不满和反对。

一开始，这个男人只是从事着记账的工作，几年之后，他想用多年的积蓄开办一家汽车修理厂，顺便辞去枯燥乏味的记账工作。但是他的妻子却认为他们还没有属于自己的房子，最好不要冒险创业。等到他们买了房子并养育了他们的第一个孩子后，他的妻子又劝他说："创业是多么艰难的事情，何必自讨苦吃。万一修理厂经营不善，你就要失去一切，一份稳定的薪水，公司的福利、退休金和疾病津贴，现在的房子，女儿的教育资金，我的漂亮衣服……我不喜欢担惊受怕的生活。"于是日子一天天过去，这位男士仍然只是一个忙碌且疲倦的小职员，做着自己不喜欢的记账工作，他的愿望一直没有实现。

前一段时间，我遇到了他，他的身体状况不太好，患上了胃溃疡，言谈中能够看出他对目前的生活状况极度厌烦。这个庸庸碌碌的中年人的生活过得并不好，时刻担心胃溃疡，空闲的时间还要修补自己的汽车。我看着他一脸的失意神情，不禁为他可惜。在他的生

命中，几乎所有的时间都用来压抑着对工作的厌恶，生命就这样流逝
了。他对自己的工作没有真正的兴趣，没有野心，没有激情，而对自
己真正感兴趣的工作一直没有付出实践。也许正是由于他妻子的不支
持才阻挡了他成功的脚步，甚至是造成他不快乐的原因。

当他有了创业的念头时，如果他的妻子愿意放弃稳定的生活，
陪他一同去冒险，也许光景便大不同了。她的丈夫不会再对生活充
满厌倦，不会愁眉不展，他们的婚姻也许会更幸福。就算创业失败
了又怎么样？失败了，丢掉了记账员的工作，他也一定能够再找到
另外一份工作，这只是一个时间问题罢了。问题是妻子不愿去承受
丈夫遭遇失败后的打击。其实，即使失败了，至少他也能得到尝试
过的满足感，如果他能从中领悟到失败的原因，下一次他就会获得
真正的成功。

令人欣慰的是那样不愿意陪丈夫一起冒险的妻子只占生活中的小
部分。据调查显示，6000 多名处于各年龄段的妻子们被问到这样一
个问题，"如果你的丈夫对现在从事的职业感到不满，并想转到另外
一个比较感兴趣但薪水较低也不稳定的工作，你会支持你丈夫的决定
吗？"结果显示，只有 25% 的太太不愿意让自己的丈夫转行。这个结
果真是太让人兴奋了。

在俄克拉荷马州，桃乐丝曾经为一个叫查尔斯·雷诺兹的男士工
作过，当时他是本地一家大石油公司的财务总监，人品极佳，能干又
充满活力。所有的人都认为查尔斯顺利升职是没有问题的。他有温柔
的太太、三个可爱的孩子，还有光明的前程。但是那时的查尔斯却遇
到了一个难题。

查尔斯·雷诺兹热爱绘画，利用闲暇时间创作了许多风景油画挂
在公司办公室的墙上。有时候他还会把自己的作品进行出售。新墨西
哥州的陶欧斯城是艺术家的大本营，那里聚集了成千上万的艺术家，

艺术氛围相当浓郁。查尔斯一直希望自己能够生活在新墨西哥州，对于目前的工作查尔斯也很喜欢，但他更渴望把更多的时间用于绘画上。选择俄克拉荷马州还是新墨西哥州？成为查尔斯的难题。

当他和太太露丝商量移居的事情时，露丝高兴地说："太好了！首先我们要将这里的东西处理掉，你要打理好你的工作，到达新墨西哥州之后我们可以开一家商店，专门出售绘画用具，我们甚至还可以售卖你的绘画作品。到时候我负责照看店面，你则专心绘画。我想我们一定能够成功的。"露丝的支持让查尔斯·雷诺兹很快就作出了决定，他辞去了财务总监的职位。不久之后，查尔斯就带着温柔的妻子和三个孩子移居到了新墨西哥州。在陶欧斯城，他们开办了一家绘画用具商店，由露丝负责打理生意，查尔斯则专心绘画，他们的儿子小查尔斯也经常到店里帮忙，一家人其乐融融。

我们可以预见到查尔斯的成功，他现在是西南部最成功的画家之一。他的绘画作品参加了全国的展览，也曾经举办过多场个人画展。现在的查尔斯不仅是陶欧斯城画家协会的会长，还在闻名世界的吉特·卡森大街建造了自己的画廊和画室。

这都是查尔斯和露丝勇于尝试，敢于冒险的结果。而冒险所带来的成功可能性并不值得惊讶。正如范狄格里福特将军常在战争开始前对他的士兵们说："上帝对那些勇敢而坚韧的人总是偏爱一些。"

一份令人愉快的工作，也许并不能使人过上富足的生活，而一份不能让你从心里得到快乐的工作，即使给你再多的财富也无法抹去你心底的那份失意。如果你是不快乐的，你就不可能是成功的。

真正的成功，必须以这份工作能够带给你快乐和满足为前提。妻子在精神上应该具备足够的忍耐，让她的丈夫勇于放弃他不感兴趣的工作，自在地从事他所热爱的事业。许多男人之所以能够创造出伟大的成就，大多是因为他们无私而勇敢的妻子愿意给丈夫一次尝试的机会，愿意同丈夫一起冒险。她们愿意放弃物质的享受，因此他们的丈夫才能够放手去尝试自己热衷的事业。

"疑虑是我们心中的叛逆者，由于害怕追寻，将会使我们失去通常能够获得的东西。"莎士比亚这样说道。

上帝偏爱那些勇敢而坚韧的心灵。如果你希望自己的丈夫在事业中获得满足感，你就应该鼓励他去尝试每一个机会，而且你要有足够的勇气和他共渡难关。

与你的男人共同打拼

1865 年之前，威廉·布斯还仅仅是英国众多牧师中平凡的一个。但是威廉一生志愿于传道事业，终于在 1865 年创立了基督徒布道团，模仿军队建制，后来被称为救世军。威廉就是第一任救世军的大将。

救世军的功劳簿上不仅镌刻着创始人威廉的大名，也有威廉最心爱的妻子凯瑟琳·布斯的名字，因为凯瑟琳曾经与丈夫并肩作战，奉献出了一生的精力来推广救世军事业。

威廉·布斯把传道作为自己的天职。他的救世军不仅强调要拯救人类的灵魂，还要满足身体的需要。从一开始威廉就持续致力于社会服务工作，创办了各种慈善事业，如赈济贫民、开展灾后救援等。他在伦敦的贫民窟为穷人、残疾人和流浪汉宣道。以至于全家都不得不忍受着寒冷饥饿以及人们的嘲笑。威廉致力于为穷人们服务，导致身体疲惫不堪，健康受到了极大的损害。而他的妻子凯瑟琳也被疲劳压垮了，更何况这个柔弱的女子本身的健康状况就很差，后来凯瑟琳患上了脊柱弯曲症，必须用脊柱支柱。此外，她还受到了肺痨的影响，晚年更是患上了绝症。病痛每天都在折磨着这位瘦弱的夫人，以致凯瑟琳临死前说："我从来就不知道有哪一天不是生活在这样的痛苦中。"

然而，就是这样一位柔弱且病痛缠身的妇人，不仅操持着家务、还要照看他们的 8 个子女，打理好全家人的生活，协助她的丈夫为那些比他们更加贫困的人，而致力于威廉的救世军事业。白天，凯瑟琳同丈夫一起去各处传教讲道。到了晚上，她还要到贫民窟去帮助那些饥饿、困顿的人。她为那些无家可归的人准备饭菜，找寻安身的处所，她和流浪汉对话，安抚他们的灵魂。

你一定会以为，凯瑟琳只要一有机会就会逃离这个悲惨的环境。难道凯瑟琳不希望坐在美丽的花园里悠然的享受下午茶时光吗？难道她一点也不想晚餐时坐在闪闪发光的银饰餐具前由仆人侍奉用餐？其实她也有过这样的机会。当时，当地的牧师协会被威廉的真诚所打动，决定将威廉调往一个比较富裕的教区，威廉的讲道工作也会变得轻松一些，而他们一家人的境况也会好很多。

但是牧师协会忽视了威廉的妻子的感受。在得知了这样的提议后，凯瑟琳并没有像其他女人那样高兴得跳起来，相反，她很生气，并坚决反对这一决定。在她一声声的"不要！不要！"中，威廉一家继续留在了贫民窟工作。

多亏凯瑟琳不怕困苦和坚定的信心，救世军才能一直在全球各地发展。唯一使人遗憾的是，这位值得尊敬的夫人过早地离开了人世。我真希望凯瑟琳能够活得更久一些，那样，她就能亲眼看到她对丈夫所做的贡献取得的成果，能看见自己丈夫取得的光辉成就。在威廉的葬礼上，当他的灵柩经过伦敦街道时，街头挤满了人。他们中的很多人都接受过威廉的帮助，还有一部分人被威廉的善心和诚意所感动，65000 多人向他表示了崇高的敬意。就连伦敦市长也参与到他葬礼的送行行列中。欧洲各国国王和美国总统也送来了花圈以表哀思。在威廉的灵柩后面，5000 名年轻的救世军紧紧跟随着，并唱着赞美诗来歌颂他们的大将。而我宁愿相信凯瑟琳已经知道了这一切——这位瘦弱的女人完全不顾自己的安危，参加了她丈夫伟大的献身工作。

是的，成功的真正意义是找到你所热爱的工作，并为之努力追寻，在奋斗的途中不顾自身的安危和幸福，有时候只有这样做，才是达成我们梦想的唯一途径。而妻子们一定要坚定不移地站在丈夫的身后，当男人在辛苦打拼时，女人的陪伴是男人最大的支撑。

约瑟夫·艾森鲍尔在一家洗衣店里当送货员，并为之工作了25个年头，但是有一天洗衣店的老板却通知约瑟夫说他被解雇了。

像约瑟夫·艾森鲍尔这样的中年人，身无一技之长，想要再找工作是很困难的。约瑟夫一家的生活因为他的失业而陷入到了困境中。

正当艾森鲍尔夫妇为找不到工作而发愁时，有一家面包店对外转让，价钱虽然不是太高，但是买下它也意味着要花去两人20多年的积蓄。但是最终两人还是决定将它买了下来。

艾森鲍尔太太是一个精明能干的人。她知道对于经营面包店，他们都还是新手，既没有经验，也没有多余的资金做后盾，创业之初必然会非常辛苦。而且在面包店的生意步入正轨前，他们根本没有钱雇用帮手，一切都要靠夫妇两人来完成。

开始的时候很忙碌，这让艾森鲍尔太太感到焦头烂额。每天除了要做一些家务活，还要去店里帮忙招呼客人，协助丈夫积极扩展业务。这位太太经常在店里一站就是十多个小时。如此繁重的工作量足以吓跑任何人，但是珍妮·艾森鲍尔硬是挺了过来。

"我每天都是开开心心地做着这些事情，因为我知道这是我的丈夫一门心思想要有所成就的事业，也是他重新闯出一片天下的机会。现在，我们的面包店已经经营了五个年头，生意非常好，我们赚来的钱足够一家人的花销。能够凭借着自己的努力重建事业，这让我们感到很自豪。"艾森鲍尔太太说道。

很多家庭都会遇到像约瑟夫一家这样的难题，他们或是因为被解雇导致生活三餐不继，或是因为遭遇到意外的灾难，家庭支离破碎。很多妻子在碰到这样的难题时都会感到不知所措，或是不愿意挽救残局，更有甚者会逃避责任，离弃丈夫。她们认为，家庭责任都应该由丈夫一人来承担，以致在开创事业时，大部分妻子都是袖手旁观，因此家庭的经济状况也会越来越糟。这些女人都走进了一个误区。其实夫妻是一体的，为了拖出陷在泥泞之中的车子，妻子也应该摇下车窗，打开车门，走到泥泞中去帮助丈夫把车推出来。

这里还有另外一位能干的妻子，她便是如此做的，在必要时付出了自己所有的努力。

这位妻子就是威廉·R.科门太太。她不仅成功地帮助丈夫走出了危机，同时还拥有了自己的事业，给她的家庭打下了更加坚固的经济基础。

科门太太的本职是护士。她刚与比尔·科门结婚时，比尔的工作量非常大，生活安排得也很满，白天的时间都用在了工作上，晚上则要去夜校进修，以便获得高中毕业证书。为了不耽误丈夫的学业，这位年轻的太太在结婚后仍然从事着护士的工作，她所赚来的钱都被用来补贴家用。为了让丈夫能够保持不缺课的记录，科门太太放弃了许多和丈夫在一起的机会，就连他们的小女儿出生时，她仍然坚持让丈夫把她送到医院之后回学校。在学校学习的六年中，比尔从没缺过一堂课，这全都要归功于科门太太的付出。

最后，比尔在母亲、妻子和女儿骄傲的注视下，得到了高中毕业证书。此后，比尔找到了一份推销不锈钢厨具的工作，这时的科门太太虽然已经辞去了护士的工作，但是也没有让自己闲下来，她充当了推销员比尔的助手。比尔便能够一心一意地负责销售工作。

后来，比尔的父亲去世了，比尔及兄弟继承了父亲的印刷厂。比尔的兄弟并不想参与到这家印刷厂的经营，便想把自己手中的股份出售给比尔。但是当时的比尔并没有那么多的积蓄来购买股份，便只好向银行贷款。科门太太此时再一次挺身而出，做起了她的助理工作，所赚来的钱都用来偿还银行的贷款。每天晚上和周末，她都会待在印刷厂给丈夫当助手。

"我很高兴，"她说，"照目前的情况来看，我们很快便能够偿还掉银行的贷款和生意上的债务，这大概需要五年的时间吧。五年之后，我就能够不再工作，一心一意地照顾好比尔和孩子们。"

威廉·R.科门太太也是在必要的时候付出了自己所有的精力。她不仅做好了自己的本职工作，还协助丈夫拓展生意，为他们的家庭打下了良好的经济基础。像科门太太和艾森鲍尔太太这样优秀的妻子，无论是整理家务还是协助丈夫的工作，她们都能做得井井有条并且高效。

每个家庭都要面临各种各样的危机，欠债、亲人生病、另一半失业等，这些都是家庭生活中经常出现的情况。当危机来临时，就需要妻子外出去工作，通过以劳动换来的报酬供养家庭。但是妻子们做这样的工作完全是出于对家庭幸福的责任感，她们并非是想干出一番大事业来得到自我满足。因此，妻子的这种行为又被称为是一种暂时的"紧急措施"。

我结识了这样一位女士——乔纳森·威特·施坦太太，她和她的丈夫以及五个孩子住在新泽西州。这位太太在"紧急措施"这方面做得很好，甚至改变了整个家庭的生活方式。

几年前，施坦太太遇到了一个大难题。她的先生原本做推销工作，一场突发的重病使他丧失了工作能力，整个家庭面临着巨大的危机：该如何养活这个大家庭——五个孩子和两个大人？

施坦太太心中思量着自己能做的事情，办公室的工作不行，因为她既没有技术又没有经验；她最拿手的就是制作糕点，比如生日蛋糕和甜点。她做的糕点很受孩子们喜欢，甚至一些朋友还会专门请施坦太太做一些特别的点心。

施坦太太便决定将制作餐点作为自己的新事业，以此来作为家庭的经济来源。她首先将自己的想法告诉了周围的一些朋友，当他们需要准备宴会的餐点时，就会请她来做。施坦太太的确在制作餐点方面很有天赋，她做出来的餐点美味可口，丝毫不逊色于大饭店的餐点厨师。如此一来，施坦太太渐渐有了名气，接连不断的订单使得施坦太太不得不培养新手来协助她的工作。

生意红火得出乎了她的预期，施坦太太也因此成为制作酒席餐点的名人，并且担任了当地的宴席顾问。她将自己最拿手的开胃菜打上包装，送到冷冻食品商场售卖，并为方圆五十英里之内的宴会准备餐点。

施坦太太将自己的事业经营得有声有色，使家庭安全度过经济危机，施坦先生也全身心地投入到这份事业中，担任着营业经理的职位，他们夫妻俩的合作可以说是珠联璧合。

"我讨厌管理金钱方面的事情，比如做成本预算，开账单等，"施坦太太说，"我只是单纯的热爱创造新式的餐点，并且乐于研制新的糕点。生意上的事情完全交给了我的丈夫，我相信他能够处理得很好。我们现在这样很棒。"

谁能预知未来会发生什么呢？我们都是普通人，但是有一点可以肯定的是：当危机来临时，我们的经济必然会紧张，因此不得不亲自去赚取家庭开支。所以，我们应该马上寻找出可以派上用场的才能，以应对突然发生的意外。应付这些意外并不只是丈夫的责任。

协助丈夫提升成功指数

一个妻子对自己的丈夫最大的回应，便是伸出自己的双手给他一

个拥抱，并且全心全意地爱护他、支持他。你不必去埋怨你的丈夫不
够优秀，因为任何一个优秀的男人，都是由一个优秀的女人一手培养
出来的。下面我要介绍一些能够帮助男人获得成功的方法，妻子们可
以从以下这 6 个方面来关注丈夫的事业。

　　我确实知道这 6 个方法的效果，因为我很早就见识到它们一次又
一次地被细心的妻子们运用，并且得到了成功的效果。

　　请你们的丈夫进行下面这些方法的实验，这些方法可以提高他的
"成功指数"。具体有以下几种操作办法。

NO.1　不断学习才能不断进步

　　许多参加工作的人，尤其是一些已经工作了几年的先生们，经常
会认为自己只是一个依附于巨大、冰冷的机器上的小齿轮，或者仅是
一颗小小的螺丝钉，认为自己的作用是无足轻重的。他们意识不到自
己工作的重要性，他们除了老板交代的工作之外，并不期望能够学习
新的知识和技术，更不想承担额外的任务。尽你所能去学习每一件你
所负责的特定工作以及这些工作与公司整体的关系构成。

　　不知道还有没有人记得下面这则古老的故事：

　　有两个在一起工作的人，他们从事的是建筑方面的工作。这时，
有一个哲学家经过此地，他问这两个人在干什么。

　　"在砌墙。"其中一个停下手中的活说道。

　　"我在建造一座大教堂。"另一个人这样答道，并没有因此而停下
手中的工作。

　　了解一件工作或产品，可以增加热心度。著名记者塔贝尔曾说
过，她有一次花费了好几个星期的时间，去为一篇 500 多字的文章搜
集资料，虽然实际上她只能用到资料的一部分。但是她并不后悔自己
花费如此长的时间进行查找资料的工作。这位记者解释说，那些没有

使用到的资料，能够增加她自身的实力。正是因为她知道的东西比写这篇文章所需要的更多，所以她才能够写得更加轻松，并且更有信心以及更具权威。深入地了解你的工作或是一件产品，可以增加你对工作的热情。因此，男人们在自己看似是螺丝钉的工作岗位上，更应该尽可能地学习每一件你所负责的工作，以及这些工作和公司整体的关系，以此来激发自己的事业心和责任感。

本杰明·富兰克林从小就懂得培养工作责任的重要性。当时，小富兰克林在一家肥皂工厂打工，在臭气熏天的环境中，其他工人一分钟都不愿意多做停留，到点下班。但是富兰克林下班之后却仍然待在肥皂厂里，竭尽所能地掌握了整个肥皂的制造程序，之后他的刻苦钻研还帮了公司的大忙。富兰克林对于自己为公司做出的微薄贡献，感到很自豪。

推销员在一开始进行的培训中，总是会被要求掌握所推销产品的制作细节，尽管这些在向客户推销的时候很少能派上用场，但是对自己手中的产品有了彻底的了解，才能使得推销员在对顾客推销的过程中更有信心，也因此会使自己的产品拥有更好的销路。

我们对一件事了解得越多，就越容易对它产生强烈的情感，这会促使我们继续深入地挖掘它。如果你的丈夫对他的工作比较冷淡，就要立刻从中找到原因。很可能是由于对自己的工作认识得不够多，或是不清楚自己的定位。一个优秀的妻子应该劝告丈夫不要停下学习的步伐，让丈夫时刻对事业保持着热情，充满责任感。

NO.2 制定一个目标，充满耐心地完成它

一个人必须具备执着的信念，如果他立志取得成功的话。他必须清楚自己是为了什么目的而工作，然后他才能像一只猎犬追一只野兔那样锲而不舍。一个努力追逐目标的人，绝不会因为挫折和失败而

气馁。

本杰明·富兰克林曾这样写道："每个人都要确认他特殊的工作职能，并且耐心地做好自己的工作，如果他想要获得成功的话。"

英国诗人撒母耳·泰勒·柯尔雷基是最需要采纳这个劝告的人。打开他的诗集，我们就能发现他留给我们的诗歌中，大部分都是没有完成的。由于他把自己的才华分散得太过细微而浪费掉了。他生活在一个不真实的梦幻世界中，因此，在他死后，查理·兰姆在写给朋友的一封信中这样说："柯尔雷基死了，听说他留下了 4 万多篇有关形而上学和神学的论文，没有一篇是完成的。"

因此，你应该和你的丈夫好好讨论一下他对未来的期许，他的目标是什么，帮助他搞清楚自己的状况，鼓励他耐心地达成目标，而不要做那些模糊与不可能实现的白日梦。

NO.3　每天鼓励自己，为自己打气

你可能认为这个方法太过小儿科了。也许你的看法是正确的，但是如果你明明知道这样的想法有用而不去执行，那必然会造成你的损失。

这个方法也许是有一些孩子气，但是许多成功人士都承认这是一个好办法。新闻分析家卡特本在年轻时曾在法国从事过推销员的工作，那时的他毫无自信，每天走访大量的客户，每到一户人家的大门前他都要对自己进行一番鼓励，然后才能充满信心地叩响客户的大门。

魔术大师荷华·索士第在上台表演前常在他的化妆室里上蹿下跳一遍又一遍地大声喊着："我爱我的观众！"直到感到血液沸腾了起来，他才走到舞台，去为观众表演魔术，这样的他为观众呈现出了一次又一次充满了魔力和愉快的表演。

我们中的大部分人都过着半梦半醒的生活。他们认为生活和工作是一件相当乏味的事情，他们对待生活的态度得过且过，很少考虑本职之外的事情。因此，他们的生活也犹如一潭死水。

为什么你不在每天早上醒来后对自己说："我热爱我的工作，我要把我的能力全部发挥出来。"为什么不对自己说一些诸如此类的话："我很高兴能够这样活着，今天我要以百分之一百的努力去活着。"

每天为自己加油打气，精神百倍地参与到工作中，你的效率一定会得到很大的提高。

NO.4　让自己以"服务他人"的视角来思考

亚里士多德提倡"开通的自私"，这对追求进步的人而言，无疑是一个很好的方法。

一个以自我为中心的劳动者，两只眼睛都盯着别处。一只眼睛注视着时钟，另一只眼睛则注视着他的薪水，这样的人面对工作必定是不努力的，甚至会很懒散，在与同事的相处中也会惹人厌烦。这样的人当然不可能取得成功。

为别人服务能够产生热忱，许多有能力的人选择低薪的社会服务和传教工作，而不去从事赚取更多钱的工作，这便是例证。

打游击战也许能取得暂时的成功，但是最后终究要失败。最好让大家都伸出援助的双手，而不是让他们把脚伸出来绊倒我们。

NO.5　与优秀的人结交

爱默生说过："我最需要的，是有个人来支持我做我能做的事。"换句话说，就是找到一个热心的朋友来鼓励和帮助我。

结交优秀的朋友能够使人变得更加优秀，因为良好的品质能够彼此影响。

作为妻子，我们没有办法掌控丈夫的工作环境，但是我们可以尝试培养朋友和活力，以激励丈夫更具创造力地思考和生活。

如果你希望丈夫对待事业充满激情，就应该让他时刻处于对生命充满活力和优秀朋友的影响中。

帕西·H. 怀亭先生曾提出的很有价值的忠告。他说："在人际交往中，要避免和这几类人打交道：那些闷闷不乐的人、那些缺乏爱心的人以及那些把脚步和心思消磨在一成不变的例行工作中的人。"优秀的妻子们当然也要警惕这些人的影响。

NO.6　强迫自己热情对待工作，你便能因此而变得热衷

这是我的主张吗？噢，当然不是。威廉·詹姆斯教授在我还未出生之前，就在哈佛大学向世人教授这个哲理了。

詹姆斯教授说："如果你想要获得一种情绪，你就要假装你已经有了这种情绪，并且带着这种情绪去工作。当你假装已经有了这种情绪，不久后你就会发现自己真的具有了这种情绪。如果你想要快乐，就快乐地去工作。如果你想痛苦，就痛苦地去工作。如果你想要热情，就热情地去工作。"

弗兰克·贝特格曾明确表示，任何一个人都适用于这个原则，这个原则一旦运用起来就能够改变自己的一生。显然他的这一说法不错，因为这正是来自他自己的亲身经验。

2

第 2 章
营造幸福的氛围

　　要想使自己和丈夫得到幸福，只需要做到让彼此感到舒适，并让彼此自由地按照自己的意志去做喜欢的事情。这就需要妻子参加到他的消遣及娱乐方式中。但是无论怎样做，你都应该了解到，只要你的丈夫感到幸福快乐，你就等于是为他的成功做出了最大的贡献。

温柔可爱最有力

英国的著名作家托马斯·哈代在他的著作中曾经写过这样一段话，在新西兰某处的墓地中，一块陈旧的墓碑上刻着一个女性的名字和一句话：她是如此温柔可爱。

我不知道诸位在看了这句话之后会有什么样的感受，但是我知道桃乐丝的感受，她这样向我感叹道："我实在想不出这世上还有什么比这碑文更能让我感动，让我发自内心地想要拥有这样一块碑文。"

想想看，当这个伤心欲绝的丈夫把这些字刻到妻子的墓碑上时，心中必然充满了无数的幸福回忆，他的心中必然会盛满了妻子的温柔：每天下班回到家时，迎接他的总是妻子微笑的脸庞，还有桌上摆满的香喷喷的饭菜；一则古老的小笑话也能使她开怀大笑，家中永远充满着温暖和爱意。他那小鸟依人般的妻子是多么温柔可爱！

一些专家们曾经说过，做一个"温柔可爱"的女人以及有一个优秀成功的丈夫，这两件事情其实是有很大关系的。妻子们如果能使家庭幸福美满，丈夫就具备了更多的机会在事业上取得非凡的成就。

但是我们不得不遗憾地承认这样一个事实，许多女性深爱着自己的丈夫，但却不知道如何让自己的丈夫感到幸福快乐。尽管在她们的内心深处蕴藏着最浓烈的爱意，但是往往这些对丈夫情深义重的女子最容易做错事。不但没有让丈夫感到幸福和快乐，反而使丈夫陷入到了更大的困苦和疲惫之中，最终也把自己弄得疲惫不堪。两个人的婚姻生活似乎成为痛苦的坟墓，她对丈夫的爱也因此而埋葬在了那冰冷的坟墓之中。让我们来看看妻子们是如何造成了这样一种局面，应该安静下来听丈夫说话的时候，却仍然喋喋不休；处理家庭事务时，又像一个严厉的军训教官。

其实想要家庭和睦美满并不难就如同是办一场舞会，需要女主人机灵的头脑，肯付出努力，这些不需要花费太多的心思，甚至比女人装扮自己所花费的心思还要少。

当然我并不是说太太们不需要花费心思让自己看起来更迷人。我只是想提醒那些过分注重自己装扮的妻子们，不要把视线和心思都用在了自己的装扮和脸蛋上，还要多花一些心思在丈夫身上，时刻表现出自己对丈夫的关心。那些懂得如何经营情感与婚姻的女性，完全不必担心自己会失去迷人的身材，因为她们能够更加牢靠地抓住丈夫的心。

我们都知道，女秘书是老板的记事本、左膀右臂和生活助理。优秀的秘书深深地了解老板的喜好，知道如何高效协助老板，知道老板每一个眼神的含意，知道什么时候该送进去一杯咖啡，知道会让他大发雷霆的是什么，还知道什么样的环境能够使老板的办公效率更高。

妻子们完全可以从秘书的工作中得到一些启发。丈夫身边的女秘书都能够对丈夫的喜好了如指掌，当然你也能做到。妻子应该像秘书为老板工作那样，为自己的丈夫做更多的事情。幸福成功的婚姻，都是建立在妻子设身处地为丈夫着想的基础之上。

我有一次采访埃莉诺·罗斯福，她是罗斯福总统的夫人。她提到在罗斯福总统出外演讲时，总是喜欢有儿女们跟随在他的左右。这样的安排会使总统感到非常高兴，可以减轻总统在紧张行程下产生的压力。罗斯福夫人通常都会安排孩子们轮流陪父亲出门，几乎每个星期就要轮到一次。

"我们在旅途中，"罗斯福夫人说，"总会发生许多家庭趣事，这使我们的欢笑不断，一家人的感情也越来越好，而我的丈夫也因为心情的放松，更容易胜任繁重的工作。"

另外一位总统夫人在这方面做出的努力也是很值得称道的，她就是艾森豪威尔总统的夫人。这位夫人曾经发表过这样的陈述："一个妻子最主要的工作，就是用点点滴滴的小事为家庭创造幸福。"

当然这些小事并不是真的很小。查斯特·菲尔德曾说："培养出最好的风度，必须先要做出一些小牺牲。"而这也是美满婚姻的秘诀之一。一个妻子如果愿意为了家庭、为了丈夫放弃一些个人嗜好，那么她所得到的收获将会远远多于那些小牺牲，这是很值得一试的事情。

奥嘉·卡巴布兰加夫人就十分认同上面的说法，并且一直遵照着上面的要求去做。这位夫人是约瑟劳尔·卡巴布兰加先生的遗孀。约瑟劳尔不仅是古巴的外交官，同时也是闻名世界的国际象棋冠军。卡巴布兰加先生头脑灵活，是一位风度翩翩的绅士，也是一位极受欢迎的人。和许多卓越超凡的男性一样，他也会顽固地坚持着自己的想法。但是卡巴布兰加夫人回应固执的丈夫有自己的方式。他们的婚姻生活非常美满幸福，充满了浪漫的故事和对彼此的尊重。奥嘉·卡巴布兰加为丈夫带来了许多快乐，因此有时候，卡巴布兰加先生也会时常包容自己的妻子。

这位妻子是如何做到的呢？她只是实践了上面的说法，在生活中做了些"小牺牲"便获得了这样的奇迹。当卡巴布兰加先生心情烦闷时，她便沉默不语，让他享有独立的思考空间，而不是去激怒他；这位女士本来很喜欢那些迷人的社交舞会，但她的丈夫却不喜欢她把大部分的时间都浪费在舞会上，于是她心甘情愿地放弃掉了一些不太重要的舞会，留在家中照看孩子；奥嘉本来只喜欢看一些轻松的书籍，但她的丈夫却喜爱哲学和历史方面的，于是她也十分认真地看起了丈夫喜欢的书，这样做是为了"跟上他的思想，从而更好地欣赏和领会他的意图"。

也许有人对这位夫人的"牺牲"不以为然，认为那个固执的外交官不见得会领妻子的情。但是实际上，这位风度翩翩的绅士一直认为世界上最可笑和滑稽的事情，莫过于相互赠送礼物，没有什么事情比这更显得矫揉造作的了。但是有一年情人节，这位绅士为了向妻子表达爱意，竟特意送给了太太一盒超大的、无比精美的巧克力，当时的他居然还像个小学生一样红着脸。

我们可以感受到那位妻子的喜悦，简直是无法用语言来描述。如此理智的丈夫竟然打破了自己固有的原则而送了太太礼物，难得的是这位丈夫还是自发做这件事的。

从此以后，卡巴布兰加先生的乐趣里面又多了一项——送礼物给自己的太太。有一次，他特意花钱雇了一名职员加班两个多小时，将一小瓶香水用一连串大小不同的盒子包装起来，只是为了要看到太太不断地打开盒子时，脸上透出的幸福光芒。瞧瞧这位先生是多么浪漫。

卡巴布兰加太太用心地营造着丈夫的幸福，而她的丈夫也为此感激她，同样用心地为她创造快乐，并从中体味到幸福。这就难怪他们的婚姻会如此成功和甜蜜了。

卡巴布兰加太太是一位能使丈夫快乐的妻子，也是能从丈夫那里得到快乐的幸福女人。

迪斯雷力的妻子也有同样的感受，她曾经自豪地对她的朋友们说："一直以来，我的生命都充满了永恒而单纯的幸福，我要为此特别感激丈夫的体贴。"

要想使丈夫获得幸福，只需要让他感到舒适，并让他能够按照自己的方式去做自己想做的事。当然，这需要妻子积极的回应和配合。

无论你为此付出了多少，只要能让你的丈夫感到幸福和快乐，就是为他的成功做出了最大的贡献。

当然，当你们一起携手走过四五十年后，或是在你们中的一个百年之后，你一定能够承受得起这样一块碑文"她是如此温柔可爱"。这便是最美好的事了。

营造适合自己的家庭氛围

当丈夫终于结束了一天的工作，拖着疲惫的身躯回到了家中，此时的他是多么渴望家中柔软的床，渴望一顿可口的饭菜，渴望看到他那美丽温柔的妻子。丈夫回到家中，他最想要感受到一种什么样的氛围？什么样的氛围最能使劳累了一天的丈夫心情愉悦？又是什么样的家庭环境最能让丈夫恢复精神，第二天能够神清气爽地继续参加到工作中去？如果想让你的丈夫事业有成的话，以上这些都是不得不考虑的问题。

《妇女家庭》杂志设置了一个关于"怎样创造幸福婚姻"的专栏，这个专栏作家就是柯里福特·R.亚当斯博士。不得不说的是，这个专栏办得很成功，这位博士的话也极有见地。

"在家庭生活中，妻子的表现对丈夫和孩子的生活有决定性的作用。虽然丈夫和孩子也要承担许多责任，"亚当斯博士在专栏中写道，"但是关键的影响还是来自你所创造出来的环境氛围以及你所表现出来的态度。"

有一些基本的要素对于每一个家庭来说都是必须具备的，这些基本要素能够帮助你营造出舒心的家庭氛围。身处这样的氛围之中，丈夫们也会感到很舒心，工作效率也必然得到大幅度的提升。

轻松

即便你的丈夫是一个工作狂，对所从事的工作热爱到无以复加的地步，无时无刻不充满着激情，但是从某种程度上来说，工作还是会给他带来一些紧张的情绪。即使这个男人是超人，也会有脆弱的时候。如果这些紧张的情绪长时间地堆积在男人的心中，自然会影响到他的工作状态。但是如果这些紧张的情绪能够在回家后得以消解，那么在第二天的工作中自然会充满活力。而妻子营造合适家庭氛围的第一步，就要考虑如何使丈夫在家中得到放松。

很多女人都想成为一名贤妻良母，成为家庭中出色的扮演者。所以她们总是用自己的方式去表现和处理与丈夫之间的关心和呵护，而不去思考丈夫真正需要的是什么。这种不恰当的关怀，反而让丈夫在回到家后心情更沉重，得不到休息和放松。

在我小的时候，我就知道有这样一位女性，她是我的邻居，她的丈夫很能干，几个孩子也很可爱。但是这位妻子在生活中却十分严厉，我听闻她的孩子们说起一些她在家中制定的规矩，使我顿时感到害怕。例如，孩子们不可以将朋友们带回家玩，以防弄脏地板；丈夫不可以在家里抽烟，这会让窗帘和房间里充满臭臭的烟味；无论是丈夫还是孩子，如果你要用一件东西，用完后必须立刻放回原处。

这些规定简直太糟糕了。但是像我邻居太太这样的妻子并不在少数，我小的时候就经常听我的朋友们抱怨他们的母亲太过严厉，家里的氛围总是紧张兮兮的，严格苛刻的模样令人生畏，他们甚至从来没有在家中招待过自己的朋友。戏剧《克莱戈的妻子》中的女主角哈力莱特·克莱格也是这种类型的女人，事实上很多女性和她都有相似之处。

哈力莱特·克莱格的原则就是，要在家中保持绝对的干净整洁。她甚至无法忍受放错位置的坐垫。她的生活就是把自己的家收拾得一尘不染，绝对禁止任何人破坏家中的整洁。朋友们到她家中拜访她时，东西难免被弄乱，这位太太便一脸的不情愿，并且她从此再也不邀请朋友们来家做客。而她那不拘小节的丈夫在克莱格太太看来，简直就是一个破坏专家，经常破坏掉她精心布置的完美环境，而她根本就不知道这样的完美是多么的冷酷。这部戏剧一被搬上舞台就受到了普遍的欢迎，作者甚至获得了当年的"普利策奖"。在美国基督教家庭生活的第 20 届年会上，罗波特·P. 奥丁华特博士做了一次演讲，他认为妻子们对于家中一尘不染的洁净愿望是"美国文化中最大的压迫"。

一个优秀的家庭主妇必然要把自己的家收拾得十分整洁，沙发椅套是干净的，窗帘也散发着清香，厨房没有油垢，整间屋子都是光亮照人的。但是当勤劳的太太们看见辛辛苦苦收拾出来的干净的房间，被丈夫们搞得乱七八糟，堆满各种杂物，妻子们便常常产生情绪爆发的冲动，请诸位太太们不要忘记了，唯有家里才是能够让他重拾自信、舒缓心情的地方，在办公室里他甚至连吃半个苹果的时间都没有，他在外面已经一丝不苟地工作了一整天，回到家中的他当然要一把扯开领带，甩掉西装，换上最舒适的拖鞋。这时候的他可不会希望他的妻子在一旁指责他没有放好鞋子。所以还是理解一下吧，环顾一下你的屋子，可能除了一点点杂乱之外，反而增添了些许温馨的气息。

舒适

妻子在装饰和清理自己的家时，有一点是非常值得关注的，就是丈夫最需要的是舒适。在舒适的环境中，你们的婚姻才能得到相应的舒适。然而，一些在女性看来十分优雅迷人的小物件，比如几个做工考究的桌椅、柔软的皮毛织物、精致的盘子，这些东西却往往会让一个身心疲惫的男性厌烦，他急切渴望家是这样一个地方，有足够的空间伸展身体、放烟灰缸和烟斗，可以一伸手就拿到遥控器和他喜欢的报纸杂志。如果你见过单身汉的房间，就不难明白男性所喜欢的布置方式。在这些方面还感到懵懂的女士，不妨去参观一下单身汉的房间，应该就能得到一些启发。

我们的家庭医生是路易斯·C.派克。最近我听说派克医生又将他的办公室重新装潢了一遍，纯木质的桌子上铺了一层高档的皮革，沙发柔软宽敞到甚至想躺在上面睡觉，天花板上安装着一个古典样式的铜制吊灯，窗帘是笔直而下垂的……有一天，我看到一些在那里候诊的男病人，他们颇为羡慕地观察着派克的办公室。对于派克医生来说，办公室也是他的另外一个家。

我还认识另外一个擅长布置家庭环境的单身汉——华特尔·林克。这位单身汉在新泽西州石油公司担任地理学家，他在纽约市买下了一间超现代的公寓，在这个公寓里充斥着来自世界各地的纪念品，这些都是在林克先生出差时从世界各地带回来的，比如来自爪哇的手工织染布、刚果的木雕、东方的象牙工艺品。林克先生的公寓简直变成了一个艺术长廊，它既宽敞又舒适，光线充足，同时还散发着独特的个性魅力。很少有女性会把自己的房子装饰成这样，难怪像林克先生这样优质的男人却迟迟不肯结婚，宁愿做一个单身汉。

太太们在布置房间时，一般很少考虑到男性对于家居舒适的要求。我和桃乐丝在这方面也产生过一些摩擦。那时，桃乐丝在巴黎看中了一个烟灰缸，它是仿照古典风格制造的精美瓷器烟灰缸，她很喜欢，就将它买了回来放在家中，可是这个精致的烟灰缸并没有受到客人们的欢迎，它一直被闲置在角落里。而桃乐丝在廉价商店里买的几个普通烟灰缸却很受欢迎，因为它们尽到了它们的职责。人们在看到精致的东西时，通常都会充满了喜爱和敬畏，反而忽视了它的实际功用，类似的东西一旦在家中多了起来，必然会成为家中的禁忌，烟灰缸不能盛烟灰，蜡烛也不舍得点，餐具不能尽情使用，这当然会让家人感到相当不舒服。

假如你发现你辛辛苦苦布置的家，时常会被丈夫和孩子们搞乱，请不要着急冲他们发火，也不要急着把它恢复原样，不如坐下来好好想一下，这样的结果也许是由于你的布局方式有问题，不太适合丈夫和孩子的生活喜好。你可以先回想一下丈夫的生活习惯，你的丈夫是否喜欢随手乱丢报纸？这时的你也许就能发现茶几太小又太远了，并且上面还堆满了你精心挑选的各种装饰品，当然就放不下丈夫的报纸了。丈夫抽烟经常把烟灰弄得满地都是，那么就多为他准备几个大一点的烟灰缸，放置在房间不同的地方防止他找不到烟灰缸。他是不是经常把脚放在你精致的脚蹬上？那么你可以为他准备几个结实舒服的脚垫，然后将你精致的脚蹬放到客厅里。为他准备一个放烟斗、照相机、收藏品和报纸的地方，不要让他只能将这些东西和其他杂物堆在一起，或者将它们扔在阁楼的角落里。

当丈夫在自己的家中感到非常地舒适时，他自然就不想要到别的地方去了。

秩序和清洁

当丈夫回到家中，打开门看到的是这样一幅景象：妻子没有准时做好饭菜，早上用完的盘子还堆在厨房里，浴室里堆满了脏衣服，卧室也乱七八糟的，而太太们则坐在沙发上谈论聊天，丈夫当然会愤怒地摔门而去，奔向球场、酒吧，等等。对于大部分男性来说，他们宁愿住在整齐干净的茅草房里，也不愿意住在杯盘狼藉的别墅中，丈夫们除了可以忍受自己的凌乱外，几乎都无法忍受别人的邋遢，何况这个人还是和他有密切关系的妻子。

我在与桃乐丝结婚前曾经对一位漂亮女士抱有好感，但是很快便打消了向她求婚的念头。一次，我到这位女士公寓中去探望她，看到她的房间乱得无法形容，就好像刚刚遭了强盗的洗劫，这让我简直是落荒而逃。所以，千万要整理好你们的卧室，因为说不定什么时候你心仪的对象就会来拜访你了，千万不要因此把他给吓跑了。

综上所讲述的一些情况都是由于主妇们懒惰而造成的，长期的懒惰会使得丈夫不想回家，宁愿在办公室里耗着，或是跟同事们一起去外面花天酒地。当妻子们由于偶然的状况，比如遇到了一些不寻常的问题需要解决时，从而耽误了做家事，只要这种情况不是经常发生，那么大多数丈夫都会体谅自己的妻子，而且丈夫也能帮助他们的妻子解决这些问题。

愉快而祥和的气氛

《福星》杂志曾经为一些公司设计了一项有关员工生活的调查，主要的调查内容是员工们控制环境的能力。当时有一位总经理这样说："在公司，我们可以控制好员工的工作环境，而且也期望员工在家中也能拥有一个好的环境，但是这是我们无法控制的事情。"家里的氛围自然是由妻子控制的，丈夫在事业上的表现与你所创造出来的家庭环境是息息相关的。

妻子们通常都不希望丈夫的身体和精神被工作完全占据，导致他们身心疲惫，没有时间和精力来经营家庭，但同时又希望他们能够努力工作，争取最好的表现，为家庭努力打拼。假如妻子们能够创造出轻松祥和的家庭氛围，就能够让丈夫在上述两方面都实现自己的期望。

"现代社会的生活，充满了竞争和紧张的节奏，工作根本不像野餐那样令人轻松愉快。男人们在这样的环境中如同一头警觉的狮子，不敢有丝毫懈怠。当下班铃声响起时，他才能长舒一口气，开始渴望安宁、舒适和关心。他想去的第一个地方是自己的家。家庭应该成为男性的避难场所，使他能够暂时摆脱业务的繁琐，得到充分的放松和休息，在这里他能够卸下全副的武装。"洛杉矶家庭关系协会会长保罗·波派诺博士说。

公司里的人只会千方百计地找他的纰漏，在他丢失了一个大单子时幸灾乐祸。但是，回到家一切便大不同了，家中有一位小可爱在等待着安抚他，她能发现他美好的优点，鼓励他打起精神，给他最需要的安慰和鼓励。这个小可爱不会给先生们制造任何麻烦，也不会用她自己的事情来烦扰他，而是会把家务打理得井井有条。她最大的能力就是能够抚慰他的神经，恢复他的能力，使他的心情愉快，让他在第二天的早晨能够精力充沛、神采奕奕地出门工作。这是其他人无法做到的，能够在家里制造出这种氛围的妻子，可以说是非常了解自己的职能，完全尽到了做妻子的义务。

应该让丈夫产生这样的感觉，回到家后他们就成了国王，而不是公司里那个到处对人唯唯诺诺的小职员，也不是霸道的女性王国里的那个充满了纰漏的破坏专家。当你们换了新房子打算重新装潢时，或是你们需要添加一件新的家具时，都应该和丈夫商量一下，征询一下男主人的意见，而不是仅仅把付款账单递给他。如果丈夫想要亲自下厨露一手，不妨在星期天的晚上让他秀一下自己的厨艺，哪怕他将你的调料撒得到处都是；如果你的丈夫想买一个摇椅以便能够在上面休息，那么你就要将本打算购置古典沙发的计划暂时搁置。也许有的时候你会感到很不公平，但是最终你会发现，他对这个家的喜爱日益加深，对你的依恋也与日俱增。其实你的丈夫和你一样对这个家充满了情感，和你一样关心着这个家。而且，如果他能够拥有对更多事情的决定权，他便会认为家庭的意义十分重大，这也能够让他相信，他对这个家来说非常重要。

有这样一对夫妇，女主人温柔可人，有一双灵巧的手，能用很少的钱买到优质的材料，装饰出最好的家居环境，她长得很甜美，也把屋子装饰成了温柔甜美的色调，屋内到处都散发出精巧别致、几近完美的气息。可是她的丈夫却是一个整日烟不离口、极具男子气概的人，如同西部地区勇敢的牛仔。这个牛仔在这个充满了女性化的环境中，感到非常不自在。每当他的朋友和同事拜访，他总是要招待大家到森林里的小屋去，或者去海边钓鱼，尽量不让他们在家中做客。尽管他们彼此相爱，但是随着时间的流逝，两人的矛盾却越来越尖锐，冲突也接连不断。女孩不断地抱怨着这样的情形，但她仍然不肯为了丈夫改变自己，不肯布置出一个适合丈夫风格的房间。

我们应该明白这一点，一旦你步入了婚姻的殿堂，就必须承担起家庭的责任，而做家务的真正目的，就是为了让家人获得幸福感和满足感，这样才能使你们的婚姻更加和谐。为了你最爱的丈夫，请为他营造出一个充满爱意、平和舒适的家，这是他的避风港，是灵魂的栖居地，而不是冰冷的酒店也不是废弃不用的仓库。

为了让丈夫更加充分感受到家的温馨和妻子的柔情，请记住下面这些基本原则。

（1）你们的家不一定是一尘不染的，但一定要整洁有序。

（2）你们家中的气氛一定要是轻松的。

（3）你们家的布局和装潢一定要是舒适的。

（4）家里一定要充满了欢声笑语。

（5）夫妻是一体的，你们共同拥有这个家。

生理需求的重要性

甜蜜的家庭生活不仅仅是营造出一个适合家人生活的氛围。双方对婚姻的满意度也体现在你们性生活的契合度上。如果夫妻双方在进行性生活的时候体会不到任何的舒适，久而久之，你们的婚姻生活就会变得乏味，从而渐渐走向冷漠。

有些人的性冷淡是天生的，也就是说她们与生俱来就对性没有渴望，还有一些人只有其中的一种情况，她们或许是出于某种原因而导致抗拒性生活。大多数人的病因都是由于各种各样的后天因素造成的，这种情况有时是非常短暂的。女性中的性冷淡患者要比男性多得多，有医生宣称大概有一半的女性都患有这种病症。这个结论可能有些夸张，但是我认为至少有 1/4 的女性在婚姻生活中的表现并不那么好。这绝对不是一个好的现象。

有的丈夫一旦发现妻子对夫妻生活毫无兴趣，他们也会因此变得意兴阑珊，甚至会对女人大发脾气，憎恶自己的妻子。和谐的性生活能够起到约束丈夫的作用。而有的人本来就不爱自己的妻子，现在正好找到了借口可以要求离婚了。

对已婚女性的忠告

女人在婚后所履行的义务有所不同，为了不让结婚后的你陷入窘境，最佳的解决办法就是，只有当你跟你的丈夫在一起时，才可以流露出性感的姿态，在其他的任何场合都不要让他以为你是在招蜂引蝶。这是我对你们的忠告。如果已婚的你依然像一个未婚女子那样大胆地吸引众人的目光，你肯定会为自己招来大麻烦。

任何人都不喜欢卖弄风骚和公然挑逗他人的女性，也不要让你的丈夫察觉到你是一个不安守本分的女人，不然你的下场就会十分凄惨。要时刻记住，你是一个已婚女性，你是非常稳定的，你甚至可以光明正大地享受有男性陪伴的乐趣，但前提是这个男性必须是你的丈夫。你要让周围的人感到，你对自己的丈夫是非常满意的，你拥有了他独一无二的妻子的地位。

已婚女性除了要履行某些义务，多了几项约束之外，还是有很多益处的。作为一名已婚女性，就能够轻松自在地跟男性谈话、吃饭，而不必引起其他的非分之想。单身女性的邀请会让一个男性感到紧张，这些单身女性的目的，往往是想和这个男人结婚，或是从他那儿得到一些东西。是的，没有一个男性会对一位已婚妇女感到神经紧张，因为一个非常安全的信号。一个已婚的女性有一个丈夫让她爱着，她在生活中结识男性只是为了多认识一些朋友。已婚女性的男性朋友可以是一个人，也可以是多个男性，可以是一个没有女朋友的单身汉，也可以是有了温柔妻子的已婚男性。已婚女士可以坦然地与男人吃饭，接受男人们的称赞，享受社交的快乐。因为所有人都知道，你只是想与他们取得信息交换，而不是惦记着从他们身上得到任何物质的好处。

如果你很欣赏某位男士，并且对他很感兴趣，但那只是出于欣赏的兴趣而不是想其他非分之想，那是因为你清楚地知道自己深深爱着的是你的丈夫。而你只是想和这位优秀的男士见一面、吃一顿午餐，这时你便可以邀请他和他的妻子到你们家共进午餐，你还可以与你的丈夫一同来招待他们。尤其是未婚女性和男人单独进餐时，往往会感到茫然无措。但是你就不同了，你是大方的优雅的妻子，婚姻让你和你挚爱并信任的丈夫共同生活，还提供给你与这个世界上其他男性自由交往的机会。因此婚姻其实也是为你提供了一个既安全又强大的保障。

已婚的女性还有一个益处，那就是替别人做媒。她们喜欢为周围的亲朋好友物色对象。的确，让互相有感觉、互相欣赏的人成为夫妻，是一种值得赞赏的举动。在做媒的过程中所产生的快乐，也常常使太太们的内心得到满足，仿佛是个人能力的表现。一个已婚的女性是非常愿意体会这种感受的。

性爱使婚姻生活更美好

婚姻生活离不开性的陪伴，这是我们必须面对的问题，这个问题对家庭生活是很重要的，也是很平常的事，没有什么难以启齿的。安逸的生活会使人生出惰性，婚姻生活也是如此。假如生活太过舒适，连夫妻间的性爱也成为例行的公事，这可不是什么好兆头。因此你一定要懂得营造新鲜感，维持性生活需要的精力和欲望。在大多数人的婚姻生活中，丈夫对性生活的欲望决定了性爱活动是否能够持续下去。

如何才能使丈夫保持住对性生活的兴趣和欲望呢？答案其实很简单，只要你们的婚姻充满了活力，夫妻间的性生活就能够得到延续。那么，要怎样做才能保持住婚姻的活力呢？我们都知道，枯燥单调乃是生活的大敌。结婚以后，很少有人再有欲望去做那些罗曼蒂克的事情，家庭生活似乎只剩下了柴米油盐，生活中的琐事、家庭的重担消磨掉了你们的激情和甜蜜，让你们变得沉默寡言，彼此冷漠。一个优秀的妻子，必须时时刻刻保持警惕，防止单调侵袭你们的婚姻生活，你必须抵抗枯燥，不断地发展和完善自己，保持对外界事物的好奇心，当然这并不是要你"走出厨房"，而是要你走出办公室。一些具体可行的办法，比如在你回家之后大可以跟丈夫说，哪个"糊涂蛋"是如何错过了一个重要客户的电话会议，是多么马虎以致做错了财务报表，老板的酒量是如何的不好，等等。这些趣闻或许能够让你们开心上一两个小时，或许还能让你们一直开心下去。聪明的妻子懂得保持婚姻活力的秘诀，那就是坚持给他讲述每一个彼此生活中的细节，然后共同讨论。

如果你还是跟结婚前一样，天真又不成熟，那只能说明你需要更认真地承担起作为妻子的责任。每经过一年，你就应该有所长进，变得更加美丽动人、更加诙谐幽默。你可以换一个漂亮的发型、积极锻炼身体、学会按摩，把指甲修饰得整洁圆润，必须保持每天修饰自己。假如你是一个收入很高的成功女士，就应时刻保持自己的仪态，这不仅是对别人的尊重，也对于你的婚姻生活非常有帮助。买一条漂亮又迷人的裙子，会让你的丈夫眼前一亮。也许你会发现在谈恋爱的时期，你的男友一般不会注意到你穿了什么衣服，涂了什么眼影，但是丈夫们却会十分在意这些。请你仔细地观察一下自己，是一个充满活力和性感的女性，还是一个不加修饰、邋里邋遢的女性？你的体形是否需要加强锻炼？你是否每天不苟言笑、不懂幽默？那样的妻子只会让丈夫感到厌恶，从而扼杀了他们的性爱欲望。

享受夫妻生活

已婚的女性要记住，不要轻易拒绝丈夫的性爱要求。精神或身体的疲惫，或者需要思考问题，这些都不能成为逃避性爱的借口。拒绝会让丈夫认为自己的魅力不够，或者是妻子有什么隐言。但是有一种情况除外，就是你和你的枕边人起了冲突，当你两眼满含泪水或是瞪着天花板时，只会恨他恨得牙齿生疼。

丈夫在妻子那里受到了压抑，哪怕只有一次，也会打击到他极强的自尊心，往后的日子里，他很可能为此而不能释怀，使你们的婚姻蒙上一层阴霾。任何人都不能容忍别人伤害自己的自尊心，更何况你是他的妻子。你的拒绝会让他感到颜面扫地。

如果有人对你说"对不起，我头痛"，你肯定会明白他话的另一层含义，这是一个人的拒绝，尽管表达方式很婉转，却依然伤害了一颗雀跃的心。当然，也许你从未遇到过这种情况，在没有心情的状态下接受丈夫的要求，即便你不能达到身体的契合，你也不会有任何损失。

这么说可能有些不恰当，但是，假如你不去拒绝丈夫，对丈夫表示亲切与友好，说不定本来欠佳的心情也能得到好转，自己也会感到快活起来。

我们不能说靠身体吸引丈夫，但是你的身体是你的忠实伙伴，当丈夫对你的身体产生兴趣时，就说明你们的婚姻保持有一定的活力。假如有一天他对你的身体不再产生欲望，那也许就是他抛弃你的前兆。一个成功的女性在生活中总会遇到许多事儿，在实现自我的过程中，丈夫是非常可爱而重要的组成部分，你愿意成为他的伙伴，这个伙伴是灵魂上的，也是生理上的，一个在性爱上能够达到最佳契合的伙伴。

帮助他专注于工作

几个月之前，我遇到一位老朋友，他一脸的疲惫。我询问他是否遇到了什么不如意的事情，否则一向精神抖擞的他怎会如此颓唐。

"我真不知道该怎么做才好，"他说，"这六个月以来，公司一直在准备设立一家分公司，我为此一直在加班工作到深夜。我想这种情况只是暂时的，等我忙完了这一段时间，我肯定会按时回家，恢复正常的作息时间。我不是因为工作繁忙而感到不快乐，而是因为我的妻子海伦。你知道海伦是一个多么任性的人，她非常害怕寂寞。因此，她对我最近经常不回家吃饭感到很不满意，还责怪我周末不能陪她一同逛街买衣服。我对此无能为力，没有精力兼顾其他的事情，每天在公司的工作已经让我疲惫不堪，这家分公司的建立对我们今后的发展意义重大，但是她始终无法了解到这一点。我非常担心海伦的状况，这让我几乎没有办法全心全意地工作。"

听完老朋友的诉说，我知道这位可怜的朋友正面临着家庭和工作的双重压力，难怪他会这样的疲惫不堪。

他正在面临的问题，使我立刻想到了之前我和桃乐丝也遇到过这样的状况，当时我正在赶着完成一本书，非常地忙碌，几乎达到了废寝忘食的地步。毫不夸张地说，我忙碌地几乎没有时间跟桃乐丝多说一句话，或是多看她一眼。但我们还是挺过来了，在这其中，我也并没有像我的这位可怜的朋友那样烦恼不堪。

我分不清楚那时候桃乐丝和我两个人谁更辛苦一些。我不得不讲，虽然我一直在家写作，但是我几乎很少能看到她，因为我经常将自己关在屋子里埋头写作，总是要工作到深更半夜，且几乎每天晚上都是如此，这种情况一直持续到这本书的完成。

在此期间，我们几乎不像一对夫妻，因为我们几乎没有一同参加过社交活动。为了赶这本书的进度，我们甚至没有任何的娱乐活动。不过，幸运的是，宴请我们的朋友们每次看到只有桃乐丝一个人来参加他们的活动时，都表示了深深的理解。

后来我听桃乐丝说起那段时期的情形，她说其实自己感到很孤独，就像现在的海伦一样。但是她并没有因此而责怪我忽视了她，因为她知道我正忙于自己的事业。相反，桃乐丝一直密切关注着我有没有按时吃饭、休息或者去呼吸一下新鲜空气。与此同时，为了不让自己感到孤独，她还积极地参与了一些俱乐部的活动，时常去拜访我们的亲朋好友。后来她还说，在那段时间培养和发展了很多的兴趣爱好。

很快，我的书完成了，再也不用每天把自己关在房间里。我和桃乐丝又可以像从前那样共同参加社交活动了。

成功的嘉许鼓舞着丈夫，使得他们对手头工作以外的任何事情都变得充耳不闻。

而对于太太们来说，在某些异常艰难的日子里，当然不会像野餐那样轻松愉快，即使那些工作对于她们能干的先生来说是非常必要的，或是令先生们非常着迷的。妻子打心眼里不愿意让丈夫那样劳碌，其一是担心对丈夫的健康会有影响，其二是夫妻之间少了许多重要的交流和乐趣。但是，即使妻子心中产生了诸多不满，也不应该把怒气转嫁到丈夫身上，毕竟他的工作已然非常繁忙。作为妻子，此刻就应该成为丈夫的精神支柱，咬紧牙关，静心等待正常生活的到来。

当丈夫这样异常的繁忙，已经占去了你们生活中几乎所有的娱乐时间时，太太们应该怎样表现呢？应该如何做才能使自己适应这种不寻常的生活呢？太太们又应该如何做才能帮助自己的丈夫，让他轻松地度过这段时期呢？

以下这些方法都曾帮助过桃乐丝，在那段时期起到了很大的作用，我相信它们也同样能够帮助那些像海伦一样的女士。

NO.1　准备足够营养的食物供丈夫食用，保证他充足的体力

常常给他送一些东西吃，但是每一次的分量都不要太多。如果他已经必须占用吃早餐的时间，并且需要持续工作到很晚，那么你就要在他拖着疲惫的身子回到家之前，为他准备好容易消化的各类点心。比如烤苹果、果汁、蛋糕、沙拉……这些都是比较容易消化的食物。这些小点心做起来也十分容易，一个下午茶的时间就能够做好。

如果先生们的工作地点比较自由，他们可以在家中工作，或是按时回家吃晚餐，那么太太们就一定要注意了，千万不要强迫丈夫在整夜的工作之前吃许多不易于消化的东西。这时候的你，最好多看一些关于饮食营养与健康方面的书籍，或是向你们的家庭医生咨询一下如何帮先生准备一些能够增强体力的食物。

NO.2　替自己安排一些娱乐项目

这段时间，就是你展现自己社交能力与魅力的绝佳时刻。

你要学会怎样让自己更有分量地参与到社交中去，即使没有丈夫在一旁寸步不离地陪伴，你也一样能够成为一个受欢迎的宾客。在许多情况下，你会成为一名不知所措的女士，你应该尽量避免参与这样的场合，而在另外一些舞会上，你就能够如五月的阳光那样灿烂迷人。

这段时间，你也应该尝试做一些以前没有时间做的事情，而不是一直抱怨丈夫无法陪你逛街。例如你可以去参观画廊、听听音乐会、替教堂或是社会做义工工作，参加一个自修课程，或是去某些夜校学习，这些都是不错的建议。

这样的计划会给你带来诸多好处，并且能够使你的丈夫不必担心你的生活太过寂寞。

NO.3　让你的老朋友们了解你目前的状况

让你的朋友们了解你目前的情况，他们就会理解你为什么总是单独参加社交活动，而总看不到你丈夫的身影。

这样，他们就会理解你是在全心全意地支持你的丈夫，赞同他所做的事情。让你的朋友们知道你的立场，他们就会对你的丈夫不能参加活动表示理解。

NO.4　让他知道你对他的支持

你悄悄送给他的小点心，你夜半时分为他留的灯光，你床头放着的营养与健康的书籍，都透露着你对丈夫的理解与支持。即使丈夫忙得昏天黑地，根本没有时间关注你，但是当他吃着点心、路过客厅、进入卧室，他的心里会充满对你的感激，并且为此感到甜蜜。这大大减轻了他工作上的压力，他会更加爱恋你、关怀你，你们的感情也会更加牢固。

NO.5 时刻提醒自己这只是暂时的情况

如果你确信自己可以轻松而高兴地完成上述这几件事，那么在这个巨大的工程结束后，你们就可以过上如同二次蜜月般的生活，这便是成功的嘉奖。

当他在家中工作时

如果你的丈夫只是在办公室工作八个小时，并且工作清闲，那么这样的太太们就可以跳过这一节内容。和那些丈夫需要把工作带回家的太太们相比，你们幸运很多。但是，如果你足够聪明，我还是劝你了解一下，因为没有人能够断言你的丈夫能够一直不需要将工作带到家里。

如果丈夫需要长期在家工作，而你又可以做到在一旁默默地支持他，安心处理好家务，这样的妻子无疑是值得赞许的。想想看，你必须踮着脚尖，悄无声息地在你丈夫工作的房间里打扫，即使是高超的芭蕾舞者或许都不情愿这样做；你可能必须接受他的要求，关掉你正用到一半的吸尘器，因为那样的嘈杂声会影响丈夫的思路，你不得不拿起抹布跪在地上轻轻地擦拭地板；或许你无法再经常性地邀请你的朋友到家中做客，因为那样的嘈杂是需要安静工作的丈夫所不能忍受的。

即使有诸多不好的方面，但如果你真的嫁了这一种类型的男人，那么还是希望你一定跟上他的步伐，适应他工作的习惯。怀着良好的心情去理解丈夫，并且下定决心为此付出努力，你就一定能够享受到拥抱和鲜花。有许多妻子已经做到了这一点，我相信在座的诸位之中一定就有这样成功的妻子。下面我就为大家介绍一位非常棒的妻子。

这位太太名叫凯瑟琳·吉利斯，她的丈夫唐·吉利斯是一位优秀的作曲家。他的事业做得很出色，现在已经担任了 NBC 交响乐团广播音乐会的制作指导。这位先生的交响乐作品曾经被美国和欧洲一个主要的交响乐团演奏过，他的乐曲也曾经被亚瑟琳·费德罗和阿图罗·托斯卡尼尼这样著名的大师演奏过。他在音乐上非常有天赋，很小的时候他就已经在在一个著名乐团取得了卓著的成就。

吉利斯夫妇是我们在纽约佛环斯特山的邻居。这对夫妇的朋友们，包括我们在内，都知道，凯瑟琳在她先生光辉的生涯中，扮演着一个极其重要的角色。

这位作曲家的大部分曲子，都是在家创作完成的。虽然他在家中有一间专门的工作室，但是吉利斯先生更热衷于在餐厅的桌子上进行创作。贤惠的凯瑟琳从不计较丈夫的这种行为。如同她所说的，她只不过是在他的身边工作而已。除了要忍耐丈夫的工作之外，凯瑟琳还要照看两个十分活泼的孩子。如果他们的玩闹声太吵，就会影响到在餐桌上进行创作的丈夫，因此凯瑟琳便要想尽办法让孩子们去做一些不会转移丈夫注意力的事情。

在凯瑟琳如此细心的打理之下，他们的家变成了工作和娱乐的绝佳之地。以外，这位太太还是一个烹饪高手。他们的冰箱里总是放着凯瑟琳亲手制作的冰激凌、甜美的糕点以及其他一些可口的饭菜。但是她从来不会放任丈夫以及孩子乱吃东西，她严格控制着家中食物的摄取。当她认为吉利斯家需要过一种简单朴素的生活时，凯瑟琳就会把冰箱锁起来，将钥匙藏好，以控制家人的食物热量。

如同许多艺术家那样，他们虽然充满着激情和才华，可是他们也要经常受到经济支出的烦恼，吉利斯家也是如此。但是凯瑟琳的确是一个能干的妻子，她担任了自己先生的非职业性的业务经纪人。她帮助丈夫审查合约，看哪一家公司的合约更适合丈夫，她为家庭做预算，计算这个月他们能够节省多少开支，她也整日思考着如何增加家庭收入。

凯瑟琳的出色表现让我也格外羡慕，我就请凯瑟琳帮我总结了一些她的生活经验。详细说明了妻子要怎样做才能适应在家工作的丈夫。

"一旦你习惯了之后，"凯瑟琳说，"事情不但可以变得很容易，也会变得非常有乐趣。如果哪天唐在录音室工作，而不是在家里的餐桌上搞创作，我反而会非常想念他，我是多么希望有他在我的身边！"

下面就是凯瑟琳提出的一些能够帮助丈夫在家中有效工作的几个方法。

NO.1 尽量让在家工作的丈夫感觉到舒适

妻子要离开丈夫，去做自己的事情。你当然必须要抑制住推开门去看一看他的冲动，告诉自己你的丈夫正在忙碌中，为什么我不过一会儿再去看他呢？

NO.2 让丈夫专心投入到工作中

不要因为一点小事儿就打扰丈夫，比如开门、照看小孩或付小费之类的琐事，你应该尽可能地自己去做，就好像丈夫根本不在家那样。这个规则是没有例外的，除非这幢房子着火了。

NO.3 时刻保持冷静

当丈夫的工作进行得不顺利的时候，他很可能会因此而烦躁不安，这时的你更不应该慌乱，一定要保持冷静。同时，你要协助丈夫，帮他保持冷静和平和的心态。

NO.4 配合丈夫的时间来安排你的社交计划

除非你的房子是一幢无比巨大的城堡，否则就不要轻易在家开舞会。

NO.5 避免在丈夫的工作时间内制定孩子们的玩耍时间

一个健康正常的孩子，是不可能安安静静地待在自己的房间里的。懂道理、有见解的父亲也不希望如此。如果大家的权利都能够得到充分的保证，丈夫既可以专心工作，孩子们也能有玩耍的时间，妻子也不感到无聊，那么每个人都可以是快乐的。

可以向你保证，这样的规则都是十分有效的。我与丈夫结婚的八年中，他几乎所有的写作都是在家中完成的，所以我很理解这些规则的效果。

如果你有一个整天在家工作的丈夫，那么更应该去尝试一下凯瑟琳为我们带来的这些珍贵而有分量的建议。

3

第 3 章
培养兴趣，紧密联合

有人曾说，事业是男人的全部，而男人是女人的全部，妻子和丈夫的兴趣应该紧密地结合在一起，不只是为了工作，更是为了生活。夫妻乃是一个共同体，妻子不可能不对丈夫的工作付出更多的精力。妻子的工作并非只是整理房间，或是挽着丈夫的手参加活动。优秀的妻子是丈夫事业的助推器和加油站，最终要将丈夫推向成功，共赏成功后的迷人风光。

有效社交的重要性

14 年前，T.W. 海因斯先生在肯塔基州迎娶了他美丽的新娘雪莉。尽管婚后他们的二人世界十分甜蜜，但是雪莉也有自己的烦恼。

雪莉说："婚后，我只希望能过着我们的二人世界，我害怕人群，不喜欢跟陌生人接触，让我感到最恐怖的事就是去参加宴会。我感到非常害羞，因此每当我的丈夫要带我去参加宴会时，我都会感到十分痛苦。"这位太太承认自己是因为胆怯而产生了这些烦恼。

他的先生是一位年轻有为的律师，有大好的发展前景。因为工作以及事业发展的需求，他必须经常性地出席一些宴会以及各种社交活动，有时候还要参加一些娱乐性质的表演，这是他事业发展的需要。自从他加入了律师这一行列，就已经对宴会驾轻就熟。但是，海因斯太太却十分害怕应对这些事情，社交对于她来说简直是世界上最痛苦的事情。

但是丈夫工作的需要要求她必须穿上晚礼服，走入社交场合。怎样才能克服自己的害羞以适应丈夫的需要呢？海因斯太太下定决心一定要克服掉自己害羞的性格，但是却不知道自己应该从哪儿下手。

在一次偶然的机会，海因斯太太看到了这样一段话："人类最感兴趣的事物莫过于他自己，所以在与他人交流时，我们不妨尽量把注意力放在你交流的对象身上，让对方畅谈自己的困扰或是成就，这样你就有可能忘掉自身的存在，从而克服掉社交上的障碍。"

海因斯太太从这段话中受到了很大的启发，她按照上述的方法去尝试与陌生人交流，结果取得了很好的效果。

"现在我不再害怕与其他人交往了，"雪莉满面笑容地说道，"真无法想象以前的我为什么那样害怕参加宴会？现在的我每天都希望能够多结识一些新朋友，到他们的家中去做客。我们相处得很融洽。当我更深入地了解朋友的时候，我就能发现他们是那样美好，我也会更加喜欢他们。当然，最让我高兴的是，我并没有因为害羞而无法负担起社交场合中的责任，我的丈夫并没有因为我的原因而影响成就。他现在已经是一名州参议员了，我常常要跟随他到各种地方去演说。我认为我完全能够应付得了各种社交活动。"

如果在座的太太们已经具备了这样的社交能力，那我要恭喜你，也为你的丈夫感到幸运，这样是再好不过的事了；如果你还没做到这种程度，那么我建议诸位太太抓紧行动起来，就像海因斯太太那样，训练自己掌握这种能力。每一位优秀的妻子都有责任让自己具备一定的社交能力。如果太太们有能力使自己和旁人相处得十分友好，就会无形中帮助丈夫结识到更多的朋友，大大增加了丈夫成功的概率。

有一位事业十分成功的男人，他原本是在美国某州的一个贫民区长大的。在一个非正式的场合中，这位事业有成的男士跟我说，他之所以能够取得今天这样的成就，完全要仰赖于他的太太的帮助。因为他的太太是一位迷人且聪明有素养的女士。

"假如我只是娶了一个女孩子，我想我根本不会产生进修的想法，也就不会有出人头地的机会。但是感谢上帝，我是这样地幸运，娶到了这样一个贤内助。我的妻子拥有所有我所缺乏的品质。无论是与各色类型的人的交际中，我的妻子总能拿捏得恰到好处，没有一点唯唯诺诺，也没有盛气凌人。她总是能应付得自在从容。"

如果你认为你的丈夫目前只是从事着基层的工作，并不需要你的帮助，那就大错特错了。没有人从一开始就站在顶峰上的，看看那些工商界以及其他领域的知名人物，他们也曾经过着默默无闻的生活，也不过是毫不起眼、无人知晓的年轻人而已。10 年、20 年或者 30 年之后，你的丈夫或许已经是一位顶尖人物了，你是否已经准备好了为他赢造一个好名声呢？那就立刻开始行动吧。

如果你认为自己是一个羞怯的人，那么就要改变自己克服掉羞怯；如果你认为自己不够聪慧，那么就尽量去赞美他人；如果你认为自己无知，那么就请走进学校而不是躲在"我没有上过大学"这种没有用的借口背后；如果你认为你们的家庭不足以支付你上夜校的花费，那么就赶紧到附近的公共图书馆里去多看看书。如果妻子因为跟不上丈夫前进的步伐，而落在丈夫的身后，是不值得同情的。这样的妻子是因为太懒惰，而不肯用心改进自己，即使她身边围绕着无穷的机会，她也会使那些机会在自己的指尖溜走。

"婚姻幸福的关键是，紧紧跟随丈夫在事业上不断前进的步伐。"乔斯顿夫人是这样解读婚姻的。这位女士是美国电影协会会长艾利克·乔斯顿的妻子。如果你想跟上丈夫的事业步伐，就必须不断地参与社交活动，拓展自己的交友范围，而不是将自己局限于你周围几百平米的房子中。

乔斯顿夫人说："也许有的人会认为丈夫的事业还没有达到要去参加社交活动的地步，你的丈夫并不需要由你去不断地扩展社交事业。但是，我可以告诉你，当我与艾利克刚结婚时，他也只是一个一天到晚向人推销吸尘器的推销员，当时他的事业并不成功，但是我们谁也无法预期未来会发生的事情。我唯一坚信的是，他一定能够成功。而为了迎接他的成功我必须作好一切准备。"

的确，没有人能够预料到未来发生的事情，但是聪慧如乔斯顿夫人那样的妻子，就能够提前为此作好准备，从而在机会到来时不至于手足无措。在你的丈夫获得成功时，提前掌握社交的技能，无论他的事业发展到什么样的境地，也不管他从事着哪一个行业，这种技能都能永久地推动他的成功。假如你的丈夫是一个沉默寡言的人，那么你具备的社交技能，恰好可以弥补他在这方面的缺陷；如果他的社交能力很强，也一样少不了你的帮忙，因为再聪明的人也难免犯下幼稚的错误。

我认识美国最大公司之一的人事主管，他有一次十分自豪地对我说："有时候我会忽视掉别人的感受，尤其在我比较忙碌的时候，可是我的太太永远不会以忙碌为借口而忘记对我好。

"我的妻子很善良，对人也十分和蔼。她总是无微不至地关心着每一个她遇到的人，她的关心是发自内心的，因此从来不会招致别人的厌恶。我们总能遇到各式各样的人。当我们走进一家希腊人经营的店铺时，我的妻子总是能用流利的希腊语跟店主打招呼；当我们转到一家意大利人开的商店时，妻子又能用意大利语向对方道早安。他们从不理会我，因为我没有像我太太那样不厌其烦地学习各国语言。当然我的妻子也乐在其中。"

如果我有幸认识到这样一位女士，我一定很愿意与她交往。我已经有些迫不及待地想认识这位女士了，难道你们不想吗？

男人们因为时间上的问题而无法与他人建立起一种稳定、牢固而温馨的人际关系。这时候，如果他能有一个和气友善、精通交际的妻子，无疑是十分幸运的事了。具有一定社交手段的女性简直就是无价之宝，她无论走到哪儿都能够营造出一种打动人心的氛围，她就是丈夫的亲善大使。当然，成为丈夫的亲善大使也是有一定技巧可循的。

美国新闻广播协会会长的太太罕斯·V·卡夫波夫人曾说，"我的外号被称作'打岔专家'，因为我知道如何巧妙地打岔，这些打岔往往能帮助我们化解尴尬。比如在上一次我和先生参加的宴会中，由于大家谈到了一个很不愉快的话题，气氛变得低沉。这时，我问我的先生，某某将军现在过的如何了，之后大家便马上讨论起这位将军的情形，很快就忘记了刚才不愉快的情形。"

这位太太的"打岔"能力远不止如此，她经常使她那位极度受欢迎的丈夫免于过多的操劳。她的先生在演讲之后总是会被人围住，要求握手或是回答问题。长时间的交谈对这位绅士的健康危害很大。这时候，陪伴在一旁的太太就会在恰当的时候递上一个新的话题，比如我们的车子还在外面等着，或是我们还要赶着赴下一场约会。

处理好与女秘书的关系

如果说母亲是每一个孩子最好的朋友，是孩子们最忠实的管家，那么秘书就是男人事业上的管家。一个优秀的秘书必须要照顾到老板的一切工作需求，以使老板的工作效率得到提高。秘书必须密切关注老板的情绪和动态，并且随着他的情绪，消解掉他所承受的挫败感。秘书的工作小到削铅笔，大到接待公司的总裁，几乎无所不管。可以这样说，如果没有秘书们周到而细致的服务，美国商业的巨轮就不会转动得如此平稳与顺利了。

毫无疑问，秘书在一个男人的成功路上扮演着十分重要的角色，秘书的这种作用关系着男人能否成功。因此，诸位太太们一定要重新认识丈夫身边的秘书。之所以格外强调秘书与各位夫人的关系，相信不用我多做解释，大家也都明白她们之间为何会有如此微妙而敏感的关系了。

其实，我要对诸位太太说这样一句话，一位好的秘书是丈夫事业成功的重要因素。为什么要这样说呢？因为好的秘书和尽职尽责的妻子一样，都有一个共同的目标，那就是男性的事业。这个男性是她们的老板，或是她们的丈夫。秘书和妻子都是如此期待着这个男人的成功，同样期望这个男人能够取得瞩目的成就。如果好秘书和好妻子能够消解掉彼此间的对立关系，朝着共同的目标携手共进，必然能够加快男人成功的速度。

但是，我不得不遗憾地说，妻子与秘书的关系常常是对立的。有时候是一方对另一方存在的质疑，有时候是两个人同时嫉妒对方对男士产生的影响。女秘书可能认为妻子过于猜疑，而妻子也会认为丈夫太过依赖另外一个女性。两个人表面上看起来相安无事，内里却是波涛汹涌。

在妻子和秘书的关系上，我也有自己的见解。首先，对于妻子和女秘书的地位以及作用我都是给予肯定态度的。同时我必须指出，妻子和女秘书之间是否能够保持良好而和谐的关系，主要是由妻子来决定。因为即使为了保住自己这份还算不错的工作，女秘书们也是打心眼里想与这位女主角保持良好的关系的。

有了这个明确的认识之后，我相信诸位太太们就可以学习一下下面这几条规则，用以减少自己和秘书之间的摩擦，增进彼此间的关系，共同合作以促进自己丈夫事业的发展。

NO.1　不要猜疑，信任你的丈夫以及女秘书

工作中老板和女秘书不断发生着的不同的牵扯，无疑让那些待在家中的太太们坐立不安。丈夫离开家半个小时，太太们就会联想，秘书是否在跟自己的丈夫道早安；中午的时候，丈夫要陪客户吃饭，秘书也一定随身陪同；下午，丈夫是疲惫不堪的，那位善解人意的女秘书应该也会推门走进办公室，为自己的丈夫奉上一杯香醇的咖啡。终于太太们坐不住了，一次又一次地走进丈夫的办公室，仿佛是在向世界宣告，这个男人身上已经贴上了属于自己的标签，任何人都不能有非分之想，仿佛是在提醒自己的丈夫，更像在警告女秘书。

在这里，我要奉劝各位太太们一定要保持冷静，即使你丈夫的女秘书的确是那样一位迷人的小姐。可能在你的心目中，你的丈夫是那样英姿飒爽，风度翩翩，但是这并不能代表他的女秘书也一定会去追求他。女秘书对自己老板的感情，一般是界定在欣赏与敬佩之上的。

由于工作的关系，我得以结识许多从事秘书工作的女士；在这些秘书中，真正抢夺别人丈夫的秘书我只看见过一位，并且在经过了解之后我发现，即使这位小姐不是从事着秘书的工作，而是其他什么工作，她也一样会卷入到别人的婚姻生活中。所以，女秘书和自己老板的关系大多是清白的，他们只是单纯的工作伙伴而已。

妻子应该明白这一点，她们的男人根本没有时间去处理那些琐碎的事情。而女秘书能够帮他削铅笔、整理档案、通知会客，这些都能为他省去一大堆的麻烦。当公司在业务上出现了麻烦，丈夫和女秘书共同在办公桌上冥思苦想着对策，而不是在举杯庆祝。其实，丈夫如果有一个细心善良的女秘书做助手，身为妻子是应该感到庆幸的。我想诸位太太不可能做到无时无刻地关注着自己的丈夫，当你没有注意到丈夫的时候，你难道不希望有人能够帮助自己，提醒他该吃晚饭了吗？

NO.2　不要嫉妒女秘书

我们都知道，职业女性一般都需要适当地装扮自己，凸显自己的魅力。这不仅是个人需要，也是业务上的要求。对于从事秘书职业的女性来说，更需要注重自己的外表形象。漂亮的女孩好比一束新鲜的玫瑰花，在使办公室焕然一新的同时也能改善办公环境。相对于乏味而不懂打扮、没有吸引力的女性而言，大部分男性都更倾向于欣赏那些时髦而美丽的女孩子。因为人们都喜欢赏心悦目的事物，任何人都喜欢在迷人优雅、赏心悦目的环境中工作，这是非常自然的想法。

有的太太会嫉妒女秘书们的青春和活力，嫉妒她们时髦、会打扮，更嫉妒她们的精明能干。由于业务上的要求，在外做事的女孩子必须把自己装扮得漂亮一些，当然，妻子们也可以打扮得魅力四射。其实，在这一方面，妻子拥有更多的优势。相对于每天需要工作的女秘书们，太太们有足够多的时间用在打扮上。与其嫉妒女秘书的时髦和漂亮，不如把自己打扮得同样光鲜亮丽。

大部分太太并不理解女秘书的工作内容，认为她们的工作太过清闲，每天只需要打扮漂亮呆坐在那里就好了，她们并不需要做什么，到月领取薪水就可以了。太太们想到这些就感到义愤填膺，那些嫉妒的小虫子时时啃噬着太太们的心。

其实，这些都是太太们对女秘书们的误解。这些漂亮的女孩子们或是为生活所迫而不得不出来工作，或是为了在事业上有所成就而穿梭在办公室之间。其实这些女孩子们也很期待能够像诸位太太们那样，受到上帝的眷顾，找到理想的婚姻归宿，也希望能够放下劳碌的工作，安安心心待在家中相夫教子，照顾好自己的家庭和教育子女，与丈夫甜甜蜜蜜地生活在一起。但是，她们因为种种原因不能实现这个梦想，需要出门打拼。同样的辛劳，却得不到同样多的回报。

因此，作为女人，作为男人成功路上不可或缺的一部分，妻子对待秘书的态度大可以转变一下。不要嫉妒那些实力可能远不如自己的人。

NO.3 女秘书并不是你的用人

有些太太们的做法让人感到深恶痛绝。

那些大老板的太太们往往喜欢摆架子，她们盛气凌人地指挥着别人，好像丈夫公司里的员工都成了她的用人。

诸位太太们，你们如果想让自己的丈夫在事业上获得成功，并且得到员工们的爱戴，就请立刻停止上述的想法以及做法。如果你有指使员工的习惯，就请立刻改掉。

当然这里的员工也包括了那些秘书们。不要让秘书们在工作时间为你买报纸或者订戏票，或者其他杂七杂八的琐碎事情，也不要在午餐时间让秘书帮你照看小孩。秘书们往往出于对老板的尊敬与爱戴，也出于对这份工作的需要，而不得不答应老板夫人们的种种不合理的要求，她们往往无法拒绝太太们的指令。

太太们这样的做法是极不妥当的，女秘书并不是你们的用人。你的先生雇用她来是为了工作，而不是做供你使唤的用人。由于秘书和老板是领薪水与发放薪水的雇佣关系，所以女秘书有时也需要为老板们处理一些私人的事情，如送给员工或是客户、朋友的礼物。她还可能要帮老板预订航班或是酒店，以及应酬客户等，但这并不代表着太太们有和丈夫同样的权利，享受同样的服务。

享受这种服务的太太们，也许你们应该重新定位一下自己和女秘书们的关系，毕竟这不是在家里，雇用女秘书的是丈夫的公司，而不是你。

NO.4　你和女秘书是平等的

如前文所述，把女秘书看作自己用人的太太毕竟是少数的，大多数太太还是很明智的，懂得这其中的道理。尽管"我是太太，你是用人"这种陈旧观点已经被大多数人摒弃，但还是有一部分太太或者是出于嫉妒心理，或者是因为性格上的原因，或是为了显示自己优越感而故意奚落女秘书们。

通常，在这样的情况下，女秘书们会表现得比一些太太更有风度也更具涵养。太太们如果想在这样的女秘书面前摆架子，那可就是碰到一颗软钉子了，同时也会大失风度。这于太太们而言是有损无益的。太太们要明白，秘书虽然是领取了报酬，但她们和诸位太太们其实是平等的，同你以及你的丈夫拥有同样尊贵而崇高的灵魂。

还有一点也是太太们必须注意的。这些太太们天生活泼热切的个性使得她时时刻刻都想与秘书们亲近。如果丈夫的女秘书有极强的自尊心，或者她本身并不是一个喜欢与人过分亲近的人，那么太太们就要将自己一直拉着秘书的手放下来了。过分的亲密也同样是不适合的。这时候不妨转变自己的态度，同时一定要站在女秘书的角度，为女秘书们着想一下，以开阔风度和态度对待丈夫的女秘书。

NO.5　感谢女秘书的帮忙

许多女秘书聪明又能干，尽管有些时候，太太们并没有要求秘书的帮助，但是女秘书大多还是会做一些自己力所能及的事情，这些事情往往也是对太太们有益的事情。任何一个人在帮助了他人之后都希望得到一些赞扬，这些女秘书们也一样。所以诸位太太们请不要吝啬自己的夸奖，努力地赞赏这些善良而能干的秘书们吧。

在这里我不得不提玛丽莲·柏克小姐，她是我的女秘书。这位小姐总是那样的善解人意，总是帮助我，比如在我们打算度假时，她总是能够提前为我们订好房间；当我们打算外出吃饭时，她也总是替我们预订好餐位。虽然玛丽莲并不介意做这些职责之外的工作，但我却因此从中获得许多便利。

对如此可爱的小姐表示赞扬是我们应该做的。打一通电话表示你对她的感激之情，或者是为女秘书选一个小礼物以示你的感谢，做一些这样的小事是太太们最擅长的。

太太们与女秘书们保持良好的关系，使女秘书们安心地为公司服务的同时，也间接帮助了丈夫的工作。我认识一位太太，她的先生是一家大型房地产公司的会计主管。她与丈夫的女秘书关系十分融洽。每当她的丈夫在公司业务上碰到麻烦时，她都会接到女秘书打来的电话。

"布兰克太太，政府税务部门的人员现在整天都待在我们这儿，你的先生目前正承受着极大的精神压力。我不得不遗憾地告诉你，在接下来的四到五天里，我们都要忙于整理公司庞大而繁杂的账目。我所能做到最大的帮助，就是在休息的时候提醒一下布兰克先生吃完三明治和咖啡，并且提醒他中午休息得尽可能长一些。"

我的这位朋友并没有因此而嫉妒女秘书，更没有火冒三丈，相反她在内心十分感谢这位善解人意的女秘书。同时太太也能够明白此时的自己应该做些什么。在女秘书提到的那几天时间里，我的朋友取消了她所有的社交应酬，悉心地为丈夫准备好食物，尽量将各种营养均衡搭配，细心地照料着布兰克先生，陪伴丈夫熬过了这段劳累的日子。

这种特殊的照顾并不是经常性的，是属于特别时期的特殊行为。但是，从这个例子当中，我们可以看到两位女士的分寸与得体。布兰克太太和她丈夫的女秘书都有这样的共识。

尽管有些妻子并没有机会见到丈夫的女秘书，但是他们终究将会碰面。因此为了和丈夫工作上的管家——女秘书愉快而和睦地相处，妻子们应该牢记以下几点。

（1）不要猜疑，信任你的丈夫以及女秘书。

（2）不要嫉妒女秘书。

（3）女秘书并不是你的用人。

（4）你和女秘书是平等的。

（5）感谢女秘书的帮助。

"星期五女郎"

一天早晨，在纽约的一辆公共汽车上，一位穿着时髦的女子扛着一杆猎枪走上了公共汽车，本来昏昏欲睡的乘客们因为这位女士的到来都感到十分紧张，有好多乘客做好了提前下车的准备，剩下的人则是紧张地等待着。

这位女士是做什么的，是广告噱头还是一位奇怪的女人？

直到这位女士到达目的地下了车后，司机连同所有的乘客才松了一口气。

我知道，这不是什么江洋大盗，也不是在拍电影，这只是爱多利亚·菲云在帮她丈夫的忙而已。她要把这杆猎枪送到丈夫的店铺去，因为有人打算买这支枪。

爱多利亚的丈夫是一家家用电器公司的优秀推销员。聪明的爱多利亚曾经帮助丈夫想出了很多种拓展业务的办法。菲云先生亲切地称呼他聪明的妻子为"星期五女郎"。

"我先生的生活、用餐、睡觉与呼吸，无不充满着热情，"爱多利亚说，"而我是最能感受到我先生这种热情的，所以在他的感染下，在过去的 25 年中，我想到了许多小方法帮助他拓展业务，我也非常喜欢这样做。"

爱多利亚认为自己的丈夫正在处理工作上的大事——扩展生意，提高销售额。如果自己能够多帮他处理一些细微却必要的事情，丈夫就能更好地发挥自己的才能。

爱多利亚学会了打字，因为丈夫的许多文件都需要在家处理；她也学会了开车，因为丈夫几乎要跑遍 30 多个州。

"我曾经把他从纽约时报广场送到了旧金山的金门大桥，"她骄傲地说，"这对他来说可能是微不足道的，但是对我而言却是一次奇妙的旅程。"

有时候，这位太太就连培养自己的爱好也是为了她丈夫的事业，她收集了许多废弃的旧电熨斗，其中有些已经有 100 多年的历史了，同时她也为先生画了许多彩色的画报，这样在丈夫的推销展览会上就可以将这些熨斗展览出来了。

由于爱多利亚的努力和支持，她从丈夫的成功中也得到了许多令人欣喜的收获。有一次，菲云先生在田纳西州做销售演说，中途休息的时候，观众席上有人笑着问道："我不知道，今天谁会对您的演讲最感兴趣，是推销员还是你的太太呢？"

许多太太没有想过要像爱多利亚那样为丈夫付出如此之多。

"他雇女秘书是干什么用的？"也许太太们会这样反驳道。

"如果公司付我薪水的话，也许我也会那么做。"太太们又这样说。

许多女人认为男人的事业并不应该让自己来操心和参与。但是，有时候如果男人能从太太那里得到一些帮助，的确能给男人带来一些动力，使他走得更快更远。

也许你能够帮助他处理一些文书上的工作，比如打字、写报告、处理信件，也许是接电话、为他开车，或者是翻阅资料。这些工作都能够减轻他的负担，使他有足够的时间和精力做更有价值的事情。

很显然，如果你希望一个有许多繁重家务事要做，同时还要照看几个孩子，并且没有用人的太太能够帮助她的丈夫，成为"星期五女郎"的话，那未免也太强人所难了。可是有的女人却能够在出色地完成家务事之后，又能很有效率地帮助自己的先生。

1945 年后，年轻的彼得·阿塔多服完兵役回到了家中，这位光荣退役的士兵用 8400 美元和一辆汽车创办了亚斯坎·莱蒙新汽车服务公司。

之后，彼得公司的生意越来越好，有很多人愿意让彼得的车子服务了。由于彼得一个人不能同时既开车又接电话，这时候，彼得的妻子罗丝就主动提出替先生接听电话，于是彼得在家里安装了一部业务电话的分机。电话分机装好之后，罗丝就承担起了电讯发送的任务。

如今，彼得的生意已经好到不得不请合伙人的地步了。在彼得外出时，罗丝依然要负责为彼得接电话，除此之外，她还要处理家务，照看几个孩子。

"不管我付出多少薪水，都雇不来像罗丝这样能干的接线员。罗丝跟我一样清楚老客户的姓名和地址。这些老客户们知道罗丝不会给他们不准确的信息，不会在我跑长途的时候想办法拖延住他们。如果我实在是做不过来，她甚至会为客户们叫别的公司的计程车。罗丝在这份工作中收获了许多乐趣，而我则十分清楚地了解到，我不能没有这个女人！"

罗丝也说："如果男人需要的话，没有一个女人会因为忙碌和辛苦而不愿意给他提供帮助。"

有些太太没有孩子需要照料，她们完全可以直接到先生的办公室，为她们的丈夫提供一些有价值的帮助。

贝拉·德拉斯太太就是如此做的。贝拉的先生是一位医生，当这位医生需要助手时，贝拉便补了上去，直到她的先生找到了一位合适的助手。贝拉在诊所里应付自如，就像她本来就该在诊所工作一样。通常，她上午在家做完了家务，下午就去丈夫的诊所帮忙。

"贝拉和我一样关心着我的每一位病人，"她的先生解释说，"这并不是一项容易的工作。"

是的，对于妻子而言，为丈夫做的任何事情都有一定的额外性。妻子和丈夫的兴趣能够紧密地结合在一起，不只是为了工作，也是为了生活。夫妻本是一个共同体，妻子不可能不对丈夫的工作付出更多的精力。

诸位"星期五女郎"们，已经减轻了男人们的许多工作压力，并且使丈夫更快地获得了成功。安东尼·特洛罗伯是英国的一位小说家。他说，当他的小说原稿在付印之前，除了他的妻子，没有一个人曾经看过或给予过批评。

"我妻子的鉴赏力在我看来是最大的好处。"这位小说家如此说道。

法国大作家阿尔冯云·道迪最初是不敢结婚的，他拒绝婚姻的理由是，男人们的想象力在结婚之后往往会丢失得很快。直到后来，他认识了朱莉·雅拉德，才扭转了这种想法，他和这位淑女结婚了，并且这位作家最好的作品都是在结婚之后创作出来的。

朱莉有很高的文学素养和文字鉴赏力，道迪也十分认可妻子的才华。道迪的兄弟曾经这样说过："道迪完成的稿子，没有一篇不是经过朱莉修改润饰过的。"

瑞士伟大的博物学家以及蜂类研究权威哈勃，在年轻的时候就双目失明了。他之所以能取得如此的成就，与他妻子的协助是分不开的，这位妻子用自己的双手和双手成就了丈夫。

如果太太们对丈夫的职业没有半点了解，却想着为丈夫提供帮助，当然是不可能的。我们只有在了解了更多之后，才能帮得上他们的忙。

即使太太们对丈夫的工作并不能帮上什么大忙，但是如果对他们的工作有了一定的了解，也能够让丈夫更加具有热情和耐性，从而成为一个更加聪慧的伴侣。

在詹姆斯·马修·巴里爵士的一部名叫《每一个女人都知道的事》的作品中，有这样一幕情境：玛姬·维利在上床睡觉之前，手中捧着一本她的未婚夫正在看的深奥的法律书籍。她对朋友们解释说："我不想让他知道我不懂的事情，我也要对这些事情有所了解。"

妻子们对自己丈夫工作的了解程度，已经被公认为对丈夫的成功有重要的作用。因此，现在有很多公司都在努力使他们雇员的太太们得到这样的理解。"公司的太太们"正在受到各种知识的轰炸，公司的宣传部门制作出了大量的影片、图书、宣传册等让各位太太们获得对丈夫工作的认识、对公司的了解。

"如果让太太们看到这些宣传册，她们一定会情不自禁地对丈夫的事业产生兴趣。"道斯谢先生这样说道，他是一家大公司的总经理。

这些"对公司的事业产生兴趣"的太太们是她们的丈夫以及公司的最大盟友。

在《今日女性》杂志中，作家马丁·肖尔曾经提到过这样一位太太。这位太太参加了丈夫公司组织的一次访问，当太太看见自己的先生在机器旁工作时，顿时萌生了一个想法。回到家之后，她将自己的想法告诉了丈夫，她建议丈夫用一些脚踏板代替那些高过人头的杠杆，如此一来，就会节省下许多时间，也减少了过程的复杂程度。丈夫认为妻子的建议十分巧妙，便反映给了自己的老板。在研究之后，他们决定按照这位太太的建议将杠杆换成了脚踏板，工作效率果然得到了大幅度提高。为此，这位太太也得到了一笔奖金。

男人们将自己的大部分时间和精力都投入到了工作当中。作为他的妻子，你有权利去了解这项占据了你丈夫大部分时间的事业究竟是什么样的。作为妻子，在必要的时候付出自己的关心和帮助，不仅能够使丈夫获得成功，也能使自己在付出的过程中享受到快乐。

每当我阅读名著《战争与和平》时，不仅惊叹托尔斯泰的才华，更会想起这位大文豪的妻子。他可爱的太太曾经将这本不朽的作品亲手抄写了七遍。若是在现在，她可不愧为"星期五女郎"。

所以，对于先生的事业，你并不是一个局外人，更不要袖手旁观。若想丈夫在事业上有所成就，你必须给予丈夫一个额外的助推力，做好丈夫的"星期五女郎"。尽自己所能地去了解丈夫的工作。帮助丈夫做任何一件他需要帮助的特别的工作，使他的工作完成得更加出色。

他的热忱，你来保持

已经过世的佛理得利·威尔森曾经是纽约铁路公司的总裁。他在生前曾经接受过许多次广播访谈，有一次他被问到如何才能获得事业上的成功，这位总裁说："我深切地认为，大多数人很容易忽视这样一个事实，那就是一个人积攒的经验越多，那么他对待事业就会越认真。其实成功者和失败者之间的距离并不大。如果两个人的实力相当，那么，他们对工作的热忱程度就决定了他们之中谁的成功概率会更大一些。我发现，对工作富有热忱的那一个人肯定比较容易取得成功。"一个有实力且富有工作热忱的人，和一个虽具实力却并不热忱的人相比，前者的成功概率多半要胜过后者。

一个对待工作热忱的人，无论他是挖土的建筑工人，还是经营着一家大公司的老板，都会把自己的工作看作是一项神圣的事业，不容亵渎，他会怀着深深的虔诚、深厚的兴趣以及无限的激情投入到工作中去。对自己的事业怀着热忱的人，即使在工作中遇到了巨大的困难，也始终能用不急不躁的态度来克服那些阻碍，满怀信心地去迎接工作中的挑战。抱着这种态度的人，才会有可能达成目标，取得成功。

爱默生说："有史以来，没有任何一件伟大的事业不是由于热忱而成功的。"事实上，这并不只是一句简单的格言，还是能够帮助我们迈向成功之路的指标。

对工作怀抱热忱才是最重要的事情，假如你在读完这本书之后只是认识到了这一点，而并没有感到收获到什么其他的体会，也是相当不错的了。单凭这一点，就足够帮助你的丈夫走向成功了。

因为，从事一切工作的人想要取得成功的必要条件便是热忱，无论你想成为杰出的艺术家还是兜售香皂的小商小贩，抑或是图书管理员，或者是追求家庭美满幸福的人。热忱始终是你奋力追赶成功和幸福的跑鞋。

"热忱"这个词源自于希腊语，意思是"受到了神的启示"。对于那些对待工作充满了热忱的人而言，他在拼搏奋斗时拥有无限的力量。

威廉·费尔波是耶鲁大学最著名且最受学生欢迎的教授之一。在他写的那本具有启示性功用的《工作的兴奋》一书中，有这样一段话："对于我个人而言，教书是凌驾于一切技术或是职业之上的。如果有热忱这种说法，那么这就叫作热忱了。我喜欢教书，正如画家喜欢绘画，歌手喜欢唱歌，诗人喜欢吟诗作对一样。每天早上睁开眼想到的第一件事，就是关于我可爱的学生们的事。人在一生中之所以能够不断获得成功，最重要的因素就是对自己每日从事的工作怀有热忱的态度。"

诸位太太们，看到这里，你们应该能够知道，在丈夫事业前进的路上，你们又有了新的任务，那就是帮助丈夫培养对工作的热忱的习惯。你们可能会问我，这种热忱的习惯要如何培养呢？太太们应该从哪几方面着手准备呢？总结一句话来告诉大家：妻子必须帮助丈夫了解自己的工作，才能怀有对工作热忱的态度。这是一个相当重要的观念。

首先你不妨这样告诉你的先生、任何企业的老板都喜欢雇用充满着职业热忱的员工，同时也知道这样的员工是可遇而不可求的。

"我喜欢那些具有热忱品质的人。他的热忱，能够使客户也热情起来，结果是显而易见的，我们又能做成一笔生意了。"亨利·福特这样说道。

"10美分连锁店"的创办人查尔斯·华尔沃兹也曾这样说过："只有那些对工作毫无热忱的人才会到处碰壁。"而另外一名绅士查尔斯·史考伯则说："对任何事情都怀抱热忱的人，做任何事情都能获得成功。"

当然，我们并不能把事情说得太绝对。比如说，一个对音乐没有一点感知力以及掌握力的人，或者在音乐这方面没有一丁点的才气的人，是无法在音乐上获得成就的，即使他多么地努力和热衷，也是无济于事的。但是，从另一个角度来说，凡是那些天生具有才华的人，他们怀着在某一方面获得成就的远大理想，并为这个理想制订了可行的计划和目标，若他此时能够饱含热情去贯彻实施这个目标，怀着极大的热忱为之奋斗一生，那么他做任何事情都会成功的，无论是在物质上的还是精神上的，都是如此。

在一些要求高技术专业的工作方面，也是需要具备这种热忱的。爱德华·亚皮尔顿是一位伟大的物理学家，他在物理学方面的某些成就是万众瞩目，令人敬仰的。爱德华先生曾经协助发明了雷达和无线电报，为整个人类事业做出了杰出贡献。《时代》杂志上曾经引用过爱德华的一句话："我认为，一个人要想在科学上有所成就的话，热衷的态度比我们的专业知识要重要许多。"

这句话很有启发性。如果他出自一个普通人之口，便会被很多不知内情的人讥讽为外行话，但是这是出自一个伟大的科学家之口，我们就该反思究竟谁才是真正的外行。一个在科学技术方面有卓越成就的权威人物，为何也会这样说呢？这恰恰可以证明热忱的重要性。如果在科学研究上，热忱都是如此被看重，那么对于普通职员来说，热忱岂不是占据更大的比重吗？

在这里，我们不妨借鉴一下著名的人寿保险推销员法兰克·派特的宝贵经验。这位成功的推销员在他的作品中介绍了他的经验之谈：

"1907年，那时的我刚刚进入职业棒球队，我无法用语言形容我当时的喜悦之情，但是还没等我从喜悦中清醒过来，我便遭遇了我人生中最大的挫折——我被解雇了。当时我的动作并不起劲，所以棒球队的经理有意让我离开棒球队。经理说我打棒球的动作总是慢条斯理的，好像那些在球场上混了 20 年的人，丝毫没有年轻人的活力。经理还对我说，无论我今后要从事什么样的职业，担任什么样的责任，如果还是像现在这样提不起精神来，那么我一辈子也不会有大的成就。

"就这样我离开了这个球队，之后我进入了亚特兰斯克球队。我的月薪也从 175 美元减到 25 美元，真是少得可怜！我的内心充满了愤恨，在新的球队我更加提不起精神来了，但我还是忍着，努力使自己在球场上表现得更卖力一些。过了一段时间之后，我的一个老队友把我介绍到了新凡队。在那个球队的第一天，我作出了我人生中的一个重大决定。

"在新凡，没有人知道我的过去，我决心成为英格兰最具热忱的棒球球员。为了实现这一理想，我必须赶紧采取行动才是。

"在新凡的第一场球赛中，我的全身仿佛充满了电力。我强力地抛出高速球，一次又一次，使对方接球手的双臂都麻木了。记得有一次，我以凶猛的气势冲入三垒，那位三垒手都被我的气势吓呆了，球漏接，我盗垒成功。我记得当时气温高达华氏 100 度，我在球场上不断地奔跑，来回穿梭，我极有可能因此而中暑倒下，但是我坚持到了最后。

"这种热情带来的结果，令我大吃一惊，它产生了下面三个方面的作用。

"第一，我内心的所有恐惧和不满都消失了，我打出了目前为止最好的成绩。

"第二，我的热忱感染到了我的队友们，他们和我一起把那场球赛打得很精彩。

"第三，在如此高温下，我并没有中暑，而且这次的经历是很美妙的，无论是在比赛前还是在比赛之后，我都没有如此精力充沛过。

"在比赛完的第二天早上，我看到了报纸上对我的介绍，真是令人兴奋得无以复加。我大受表扬，报纸是这样介绍我的：'那位新来的球员派特，无疑是一个晴天霹雳，全队的人都受到了他的影响，所有的队员都充满了活力。派特所在的那个队不但赢得了比赛，还使这场球赛成为本赛季最为精彩的一场球赛。'

"从那以后我就以十二分的热忱来对待棒球事业，结果我的月薪从25美元提高到了185美元，涨了7倍多，比我原来的薪水还要多。

"在此后的两年中，我一直担任着三垒手的位置。薪水被加到了30倍之多。为什么呢？就是凭着那一股热忱，没有其他的原因。"

后来派特由于手部受伤，不得不离开他挚爱的棒球队，做了一名保险推销员。从事推销工作的第一年，派特一直没有什么成绩，这使他十分苦闷。但是后来他又重拾热忱，如同当年打棒球那样。

如今，派特在保险业已是名声显赫的人物。

派特说："在我从事保险业的30年中，我遇到过许多人。这些人对工作抱有极大的热忱，他们的收入也是成倍地增加。我也见到过另外一些人，这些人由于缺乏热忱而走投无路。我深信，唯有热忱的态度才是取得成功的关键因素。"

如果热忱能够对任何一个人都起到惊人的效果，那么对你的丈夫也应该如此。如果你希望自己的丈夫出人头地，从今天起，就应该让他树立起对工作认真的态度，也就是认清热忱态度的重要性。

强力后盾

你的丈夫对自己的工作有上进心吗？他希望能够得到晋升吗？他

又在为晋升做着哪些准备？而你作为他的妻子，有没有为丈夫的晋升做出一点贡献？

每个人都会对自己的工作有不同程度的期望，希望自己在工作 5 年或者是 10 年之后，能够得到晋升，而且很少有人能够在刚刚工作时就获得很高的职位，或者是具备担任高级职位的能力。人们必须一边工作一边学习，同时善于从经验和训练中得到一定的发展。

"理想中的美国是建立在每个人都能'成功'的信念之上的，而若想要每个人都出人头地，最主要的办法仍是接受教育。"社会学家 W. 罗伊特·华纳如此说道。接着他又说："经营公司的人，必须利用人事考核、训练计划以及晋升规则，来为员工提供各种进步的机会。"

许多获得了极高成就的人，都是孜孜不倦、努力学习的人。

查理斯·C.弗罗斯特，原本只是一个默默无闻的鞋匠，但是他并没有因此而止步不前，他每天都利用闲暇时间来学习，后来成为一名伟大的数学家。

约翰·韩特以前只是一个木匠，他也是利用了工作之余研究比较解剖学，每天晚上只睡几个小时，最后终于在比较解剖学上做出了成就，成为这个方向的专业人士。

约翰·拉布克爵士是一位银行家，每天都有大量的公司事务等着他来处理。但是他从来没有因此而放弃自己的兴趣，最终成为一个史前学家。

还有令人称道的乔治·斯蒂芬孙。我们都知道这位先生发明了火车，使我们现如今的出行得到如此大的便利，可是在座的诸位，你们可能并不知道伟大的乔治只是一个机械师，他是在值夜班的时间里对火车进行研究的。

还有詹姆斯·瓦特，他一面凭借着制造工具的工作来维持自己的生活，一面不懈地研究自己喜欢的数学和化学，最终发明出了蒸汽机，使人类走进蒸汽时代。

这样的例子不胜枚举。假如上述这些人安于自己的现状，他们安心认命地做着鞋匠、木匠或是银行家、机械师、工具师傅，那么不但他们自己要一辈子过着庸庸碌碌的生活，同时也是社会的巨大损失。正是因为这一群努力的"学生"，才使他们实现了自己的梦想也为社会做出了卓越的贡献。

如果人都是安于现状，不思进取，眼睛里只有薪水而不能着眼于自己未来的发展，那么在社会竞争愈加激烈的今天，他们最终会被淘汰，更别说获得晋升了。

当丈夫努力工作、勤于学习以求得晋升机会的同时，作为妻子应该怎样帮助丈夫达成目标呢？可以预想到，太太们的态度影响着丈夫的作为。

我之前曾经在一些夜校教授课程，当时我所代课的班级上大部分都是已婚的男士。这些男士在工作之余，每个星期花两个晚上来夜校来上课。这些人都是对工作充满了抱负的人。来上课的都是想在自己的岗位上有所成就的男士。

作为他们的妻子，在这段时间里必须学会独处。她们必须适应丈夫不在的这两个晚上，同时要鼓励自己的丈夫坚持来上课。

如果太太们不能适应丈夫在外面上课，或是对不回家的丈夫充满怨言，丈夫们就会因为太太的不快乐而心存内疚，即使身在课堂里也听不进老师的授课，久而久之，丈夫就不会再坚持学习了。这样的太太，通常不了解她们的先生之所以不能够得到晋升的原因，与她们有很大的关系。正是由于她们的不理解，使原本想努力学习的丈夫退缩，她们不情愿让丈夫左右为难，失去了继续学习下去的勇气。

有一个事实，是这类太太必须认清的，那就是男人们并不是天生就能够获得较高的职位，他们必须通过不断的努力才能达到理想的目标。即使有的男人运气比较不错，在结婚以前就具备了这些才能，但是为了紧跟社会大潮而不被淘汰，他们在婚后也还是需要继续努力钻研与学习的。令人振奋的是，如果一个男人愿意提升自己，使自己具备更强的能力时，他就不会永远停留在低级的职位上。

这里有一个极具说服力的事例。

这一次我们的主角是一个名叫海维西的年轻人，他起初只是一家信托公司的小职员，但是，通过一步步地努力，终于进入到谢尔石油公司工作。之后他爱上了市长的女儿艾芙琳·英格，两个人很快就结婚了。

但是不久之后，就发生了经济危机，海维西和许多人一样失去了工作。当时的海维西只能从事书记工作，但是这种书记工作有太多人争抢着要做，因此，他只好接受了他所能做的唯一一份工作——在石油管道工程里挖壕沟。当时他的时薪是40美分。

"当时我想尽一切办法来改善我们的生活，我们经营了一家小型高尔夫球场，加上我太太的收入，我们的日子总体上来说还过得去，但是我之后又被调到了别的城市，担任会计工作。而我当时对会计一窍不通。"海维西这样对我说。

"我只能想到一个办法来改变现状，那就是学习，我马上在一所夜校报了会计课程。我认为这是我做过的最明智的事情，我利用晚上的时间，来弥补我在会计知识上的不足。

"三年之后，我的薪水加倍了。我马上又去报了法律方面的课程，经过四年持续的学习，我不仅修完了全部的学分，还拿到学位证书，又通过了律师资格考试，拿到了律师执照。

"与此同时，我并未感觉到满足，我又回到了夜校，准备参加会计师资格考试。后来我又参加了一些演讲的课程。令人振奋的是，经过 12 年的学习，我的薪水已经比 12 年前挖壕沟的薪水多了 12 倍。"

现在海维西先生不仅经营着自己的律师事务所，还在奥克拉荷马州的法律和会计学校给学生们授课，曾经是学生的他，如今已经成为学识渊博的老师。这位律师的例子告诉我们，男人只有通过不断地学习才能获得成功，任何一个愿意付出时间和精力的男人都可以做到这一点，并且在这一点上，太太必须和丈夫达成共识，通力合作。

男人们白天需要工作，晚上还要持续不断地学习，这并不是一件轻松的事情，妻子足够的信任、支持与鼓励对他来说是非常重要的。上夜校的男人经常会感到失望和疲倦，并且时常怀疑自己的努力到底能否发生改变。因此，妻子在这个时候千万不能拖丈夫的后腿。

当然，做一个好的"全力后盾"也不是一件容易的事，尤其是在你们刚结婚的那几年里。那么"全力后盾"应该怎样保持自己平和的心境呢？最有效的办法就是，也为自己拟订一个学习计划。

如果条件允许，而你也对丈夫所报的课程比较感兴趣的话，那么两个人一起学习也会比较有意思。你当然也可以报一些自己感兴趣的课程或是参与一些别的活动。你完全可以去图书馆办理一张借书证，在那里补充自己的知识。

作为一名优秀的妻子，不应该质疑自己这样做"全力后盾"是否太过委屈，不应该怀疑自己所受的孤独和所付出的牺牲是否值得。如果你能打心眼里坚信自己的牺牲一定能够换来丈夫的成功，你就会休谅他的。

这个社会仍是属于自强奋斗人的天下，天上掉馅饼只是天方夜谭。

如果你还感到怀疑，那我可以给你列出一长串的名单，你可以按姓氏去查他们的生平，你就可以发现他们有这样一个共同点，那就是他们都获得了联合国颁发的何拉休·亚尔杰奖。这份名单包括前任总统赫伯·胡佛，他是爱荷华州的一个铁匠的遗孤；亨利·贝隆上校，他曾经只是一个接线员，现在却担任一家公司的董事；汤姆士·J.华特生，当初只是一个图书管理员，现在却是大名鼎鼎的 IBM 公司的董事长；保罗·G.霍夫曼，曾经做过行李搬运工，现在是史都德贝克公司董事会的主席。他们都是凭借着自己的努力，一步步走到今天的位置，并获得这个奖的。

如果你能够支持自己丈夫的话，为他们的雄心壮志付出一些自己的努力，他们也会同上面我提到的那些人物一样，在某个领域大放光彩，只要他们肯坚持不懈地努力，只要诸位太太们甘愿做"全力后盾"。

男人要想在工作中做到更优秀，必须要多方面扩展自己的认知和才能。美国驻联合国大使欧尼斯·格罗斯在一次宴会上对我说，他正准备参加一个夜校的速读课程，以便更有效地处理他的文件。

所以，如果你的丈夫正在当一个"学生"，我首先要恭喜你，因为你的丈夫很可能在下一次的晋升中得到提升。当然，这是需要妻子的鼎力支持和帮助的。

A.劳伦斯·罗威博士，被称为哈佛最伟大的校长之一，他曾经说过这样一段话："只有一种方法能够真正成就一个人的能力，那就是促使这个人去开动脑筋。我们可以帮助他、引导他，甚至是暗示他、激励他、鞭策他，但是，唯有他自己努力获得的东西才是有价值的，而他所得到的成果，必然与自己的努力成正比。"

4

第 4 章
建立强大的内心

　　上帝赠与的运气是有限的，只有少数人能得到好运气的眷顾。更严重的话，运气会打击到每个人身上的锐气。这样的打击会使人挺不起腰杆。这时候，如果在你身旁有一位忠实的拥护者，她对你说："别灰心，亲爱的，这点事情算不了什么。总有一天，你会成功的，到那时全世界都要仰望你，全世界的女人都要羡慕我能找到一个这样能干的丈夫。"这时候，丈夫就能挺胸抬头，命运的转盘也悄然发生着变化。

做他忠实的拥护者

19世纪末，亨利·福特在密西根底特律的电灯公司里工作。他每天需要工作10个小时，月薪却只有11美元，因此，亨利一家过着十分窘迫和拮据的生活。但是即便这样，亨利也从来没有丧失掉生活的信心，并且还拥有远大的抱负，他要研制出一种新的引擎。从工厂下班回来的亨利，连脸都来不及洗就钻进了自己的实验室中。说是实验室，其实只是一个旧工棚而已。亨利夜以继日地努力钻研，想要为马车研制出新的引擎。

亨利的一家都是传统的农民，包括父亲在内的全家人都认为亨利是在浪费时间。亨利一次又一次的失败也让邻居们嘲笑他是愚蠢，人们肆无忌惮地拿亨利开着各种玩笑。但是，这些人却并不包括亨利的妻子。亨利太太坚信丈夫的才华，她打心眼里清楚，丈夫的研究并不是拙劣的修修补补，而注定能够成为一项大事业。

亨利太太的支持并不只是口头上的。每天晚上亨利回家，亨利太太就和丈夫一起进入他们的"实验室"进行钻研。冬季的白天缩短了，夜色总是来得那样快，为了使丈夫更专心地投入到研究中去，亨利太太往往整晚为丈夫提着煤油灯，即使她的手已经冻成紫色，她的牙齿也冷得直打战，她也从不会发出一声抱怨，她坚信丈夫最终会取得成功。亨利先生亲切地称亨利太太是上帝派来的天使。他们在"实验室"里苦熬了三个年头，这个旧工棚起初并没有给他们带来任何奇迹，但是在第三个年头，终于有一样别人从未有见过的稀奇玩意儿发明出来了。

那是在1893年，就在亨利先生30岁生日的前几天，邻居们被一阵响声吵醒，他们从自家的窗户向外望去，窗外的景象让他们目瞪口呆！他们看到的是一辆没有马拉的马车在行驶。这可不是什么法术，因为马车上坐着的是亨利和他的太太。那辆马车摇摆不定，但是它确实是在独自行驶着，而且还能够转向。

天呀，它又转回来了！

就在那一天，一个对人类产生了巨大影响的新工业诞生了。亨利·福特也因此被称为"新工业之父"。对亨利的丰功伟绩，我们已经无须多做赘言，但是，我们在这里必须向亨利太太致以我们崇高的敬意。作为丈夫忠实的"粉丝"，她当之无愧为"新工业之母"的称号。

50年后，已经闻名世界的亨利先生在一次采访中被问到这样一个问题，如果有来世，你想要做什么？这位绅士是这样回答的："做什么都没有关系，但是我只希求一件事，就是在来世还能够与我的妻子生活在一起。"

这是多么诚挚的回答，又是多么深刻的爱恋，这也是亨利先生给他的忠实的"粉丝"最棒的礼物！亨利太太应该独享这份尊荣。

每个男人都希望有一个专属于自己的忠实拥护者，当他在艰难的困境中苦苦挣扎时，这位拥护者会悄悄伸出她温暖的双手；当他在事业中遭受挫折或出现了危机之时，这位拥护者会用她的双脚为他奔波；当他处于失败的边缘被众人讥笑时，这位拥护者会用她温柔的双眼守卫她心中的"净地"。这个拥护者不会是父母，因为男人不想年迈的父母一再为自己担心，这个拥护者也不能是自己的子女，因为他们太小，而男人们也不想剥夺孩子们愉快的时光。这个拥护者，只能是自己的妻子，而且妻子们也心甘情愿做丈夫的"拥护者"。

男人们需要一个能够帮助他们树立信心，以及增强抗击打能力的妻子。无论在怎样艰难困苦的环境中，妻子都不会失去对丈夫的信心，无论别人怎样诋毁她的丈夫，她都要坚定不移地站在丈夫身边，用她最饱满的热诚支持丈夫的一切，她给了他最大的信任。

如果一个男人连自己妻子的信任都无法得到，又怎么能够取得别人的信任呢？

毫无保留的信任有一种神奇的魔力，它可以帮助人们迅速恢复失去的自信，勇往直前。我的朋友洛博·杜佩雷先生的经历就足以证明上述那句话的真理性。

"我一直想从事销售工作，那一年我的愿望终于实现了，我当上了一名保险推销员。但是刚踏入这一行的我对一切都很不上手，我感到自己的努力得不到丝毫的回报，我没有卖出一份保险，我简直烦恼透顶，以致对一切都失去了信心，当时我已经做好了辞职的打算。"洛博·杜佩雷先生告诉我。

"我把我的想法告诉了我的太太，她坚决反对我辞职的打算，她不断地鼓励着我。她说的话真是令人振奋，我到现在都还记忆犹新，她说：'别发愁。洛博，我相信你的能力，这只是短暂的情况，坚持下去你一定能够成功的，我一看就知道你能够成为一个伟大的推销员。'

"当时，我的太太和我在同一家工厂上班，从那以后，她非常注意我的衣着打扮，使我在每一天都能给人留下好的印象，她也非常注重我的言谈举止，让我训练口才。在将近一年半的时间里，她总是称赞我的气质，不断找出我身上的发光点，总是告诉我天生就应该是一名推销员。如果不是她持续不断地鼓励，我想我早就辞职了。桃乐丝一次次地对我说：'洛博，你非常有才华！只要你再努力一点，你就能成功了，我不希望你放弃。'听着妻子这样的话，我又怎么能够放弃，怎么能够辜负妻子对我的信任呢？桃乐丝对我坚定不移的信任也让我重拾了信心。桃乐丝使我相信，只要自己主动去做，而且持续在做，就一定能够达成目标。我知道我前面还有很长的路要走，布满了荆棘坎坷，也许还会有野兽出没。我不知道还会遇到什么样的危险，但是我可以肯定的是，我现在已经在路上了。感谢我亲爱的妻子桃乐丝。"

洛博先生是在信中告诉我这一切的，读完了他的信，我想如果我要雇一名推销员，我肯定雇一名像洛博这样有桃乐丝·杜佩雷这样的太太的男性。这样的男性是值得请来做事的，因为他们的太太不会让自己的丈夫承认失败。这样的妻子如同刚才提到的亨利太太一样，都是丈夫一生的拥护者。即使她们的男人在竞争场上一次又一次地跌倒，这些真诚的拥护者们仍能给予他们巧妙的鼓舞，消除丈夫的沮丧，激励他们再次出发。难道拥有这样粉丝的男性不值得一试吗？

俄国的西盖·洛克曼尼诺夫在 25 岁时，就已经是一个小有名气的作曲家了，这过早而来的成就也使他变得十分傲慢与自负。最终的结果是，他除了成名作之外再也写不出优秀的作品了，他的一系列交响乐写得都很不成功。人们开始怀疑这个年少成名的作曲家，这个打击使洛克曼尼诺夫的意志十分消沉，最终不得不求助于心理医生。幸运的是，他遇到一个非常棒的心理医师——尼可拉斯·达尔先生。他治愈了洛克曼尼诺夫的抑郁症。

"你的身上积蓄着伟大的能量在等待着你去发掘，但必须通过努力才能将你的能力昭告天下，让所有的人都看到你的锋芒。"达尔先生总是这样鼓励着这位年轻的作曲家，鼓励和信任就是他的处方。渐渐地，他的处方发挥了效力，洛克曼尼诺夫的心理产生了变化，他走出了郁郁寡欢的阴影，重新拾起了那份自信。

治疗刚刚进行到第二个年头，他便创作出了那首使他享誉全球的 C 小调第二协奏曲。在这首协作曲完成后，他特别注明这首曲子是献给达尔医师的。这首曲子第一次在舞台上亮相时，便震撼了所有的听众。洛克曼尼诺夫再次取得了成功。

激励对于一个人的重要性不亚于燃料对于引擎的重要性，可以说，鼓励就是让人继续前进的引擎，可以为我们的精神电池蓄满电量，最终扭转挫败的局面，走出萎靡不振的困境。

上帝赐予的幸运是有限的，大多数的人并不能总是得到好运气的眷顾。命运必然要打击每个人身上的锐气，更有甚者，会让很多人因此而挺不起腰杆。这时候，倘若在你身旁能有一位忠实的拥护者，她对你说："别灰心亲爱的，这点事情没什么大不了的。总有一天，你会取得成功的，到那时全世界都在仰望你，其他的女人都在羡慕我找到这么一个能干的丈夫。"这时候，丈夫果然就能挺胸抬头，命运的转盘也悄然发生了变化。

有这样一段话：每一个人都希望拥有一份信心，唯有信心能够为我们看不到的东西做明证。

这句话为我们指明了方向，这意味着诸位太太们，你们一定要做到自始至终都相信自己的丈夫。太太们要用眼睛去信任，也要用内心的爱去将这份信任传达出去，这样你就能够发现丈夫与众不同的特质。

这种拥护式的完全的信任，不仅是发自于内心的，更需要你用言语表示出来，否则便不会产生任何效用。妻子们若想做好丈夫的拥护者，就必须运用一定的技巧，用充满爱的语言和行动来表达对丈夫的信任。

不一样的丈夫

有的妻子经常对丈夫说这样一句话："你永远都无法成功。"妻子

87

的这句话只会加快丈夫"不会成功"的速度，加大他的失败概率而已。

查士德·费尔爵士的研究调查表明：实际上，每个男性都拥有两个自我——真实的自己和理想中的自己。而所有的妻子都只想保留理想中的丈夫而抛弃那个真实的他。只有优秀的女人才能将这两个形象合二为一。

比如说，如果一个男性的性格是非常内向的，他就希望自己能够勇敢一些，害羞的他是真正的他，而勇敢的他则是理想中的他；如果一个男性认为自己不受欢迎，那么他一定希望自己的魅力能够增加，不受欢迎的他是真正的他，而魅力四射的他则是理想中的他；如果他时常自卑，那么他一定渴望拥有大无畏的自信心，而自卑的他就是现实的他，大无畏的他则是理想中的他。

这个时候，一个优秀的妻子能做的不是没完没了地抱怨和打击，不是过分地挑剔丈夫的缺点，拿自己的丈夫和别人的作比较，加重他的身体以及精神上的重担。

那么好妻子应该如何做呢？

温和耐心地持续鼓励和赞赏丈夫，像一个老师对待学生那样满怀爱心，使他的信心得以增加。假如你的丈夫还没有达到理想中的状态，你就应该坚持这样做，唯有这样，才能帮助丈夫尽快成为理想中的样子，这是你的愿望也是丈夫的期望。

"当丈夫听到妻子诸如'你真是个了不起的大人物''你太棒了''你是我的自豪''我能拥有你是上帝赐给我的珍贵礼物'这样的赞美，会让他们的心雀跃起来，浑身充满了使不完的劲儿。"玛乔力·霍姆斯这样说。

有许多成功的男性用他们的经历充分验证了这种观点的真实性。在这里我不得不提到派克斯先生。

派克斯先生是派克斯货运和装备公司的总裁，许多太太都对这位男士十分赞赏。

确实，他是一位非常成功的男士。

派克斯先生与我通信多次，这些信件我每次都能读出一个主题，那就是这位成功的男士对自己妻子的尊敬和感激。"一个充满抱负的男性，不仅可以按照他心中理想的男士的形象去发展自己，也能够变成妻子所期望的那样，我对此深信不疑。自从我当上总裁以来，我总要和我雇员们的太太进行谈话，我认为一个男人在事业上能取得多少成就，往往取决于妻子的生活态度。我需要和员工的太太们谈过话，才能决定应该给这些员工安排什么样的职位。为什么我要这样认为呢，因为我自己就是一个很好的佐证。"派克斯这样写道。

"我太太的家境十分富有，在嫁给我之前她一直过着千金大小姐般的富裕生活，她也接受过良好的教育，是名门淑女。而我呢，只是一个既没有钱又没有接受过高等教育的落魄小子。除了这位淑女对我的信任和一个想闯天下的欲望之外，我一无所有。"

"您一定能想象得出，我们在刚结婚那几年所遭受的艰苦境况。面对一次又一次的失败和打击，我都感到了泄气，但是我的太太却从来不会抱怨这些，她自始至终都在不断地给我打气。现在的我能够取得这样的成就，完全归功于我太太的不断鼓励与支持。这些年，她的健康状况令我担忧，但她却依然乐观开朗，在我面前从来没有流露出一丝的不快。每天早上我离开家去公司时，她都还是照常在门口对我说：'派克斯，今天还有什么事情是需要我做的吗？'晚上回到家，她也要听我讲述一天的情形，即使是在病中，她不忘还是要鼓励我。我当然不能辜负妻子的心意，我希望自己永远不要令她失望。"

派克斯先生多么幸运啊，能够娶到这样一位好太太。但是生活中的好多男士就没有这么幸运了，他们太太的做法完全与派克斯太太的做法相反。她们的心中全是自己理想中的样子，她们想要比别人更富有，她们想要拥有时髦的新车和漂亮的衣服、首饰，想去参加各种各样的高级俱乐部，她们完全不考虑自己丈夫的实际能力。一旦他们的丈夫做不到她们要求的样子，她们就会不断地指责丈夫，瞧不起自己的丈夫。

太太们得寸进尺的要求，只是体现了她们自身无穷的欲望，而并不能督促丈夫进步。那么，如何才能让丈夫进步呢？最好的办法就是鼓励他，找出他已经显露出来的才华，并给予赞赏，对丈夫目前的个人状态给予一定的肯定，激发出丈夫无限的潜力。

当他对自己的状态不满时，当他产生了放弃的想法时，太太们一定要找出他们曾经做过的充满勇气的事情，比如，你可以提醒他："亲爱的，还记得那一次你给老板提的建议吗？你的建议可是大大减少了你们公司的浪费情况。别人都不敢向老板提建议，只有你做到了，这是多么需要勇气的一件事情啊，你可真棒啊。"就算多么灰心丧气的人，听到了这样的话也不会轻言放弃，努力坚持下去的。如果能有一位女士表达对他的赞赏，他甚至会表现得更加勇敢，比以前更优秀。

优秀的妻子，会给丈夫犹如灯塔般的指示，而不是只会对丈夫说"你不行，你输定了！""你从来都不敢为自己争取"之类的话。太太们，你们可曾想过你们的这些话，将会深深地刺伤丈夫的心？这种话又会起到什么样的效果呢？

"如果他确实不行，那么他在公司已经承受了许多压力，比如老板毫不留情的批评和指责。因此，在家中我们就不能再像老板一样去打击他的自信心，我们能做的只有鼓励他，只要努力，人人都能成功，包括吃早餐、在床上的时候。一个对丈夫说'你无论如何也不会成功'的妻子，只会让丈夫更快地失败。"

这绝不是什么玩笑话，太太们经过了周全的考虑所说出来的话，确实可以让丈夫们对自己产生全新的看法，变得更加有力量。就拿汤姆·乔斯敦来说吧，他是一名二战的退伍军人。在二战中他受到了极其严重的创伤，他的一条腿瘸了，全身布满了伤疤。值得庆幸的是，这些都不能妨碍他享受热爱的游泳运动。但是很快他就对游泳产生了一丝畏惧。

　　汤姆·乔斯敦退伍后不久，就和太太一起到汉静顿海滩去度假。乔斯顿先生一看到大海就感到浑身充满了活力，他先是进行了刺激的冲浪运动，之后在海滩上享受日光浴。但是很快，乔斯顿就感觉到了周围人群的异样目光，这让他很不舒服。他知道是自己布满伤疤的身躯和残缺的腿引起了大家的注意。这次度假让乔斯顿很后悔。他的太太细心地发现了丈夫的烦恼，但是她并没有说出来。

　　之后，乔斯顿太太提议下个星期他们去另外一个沙滩游泳，丈夫马上拒绝了这个提议。这时候，太太便对他说："汤姆，我知道你为什么对你热爱的游泳不感兴趣了。是你腿上的伤疤让你产生了错觉。"乔斯顿默认了太太的话。"汤姆，你要记住，你的这些伤疤是怎样得来的，它们虽然让你的腿不再健美，但是我认为它们让你的心灵变得更加美好，这些伤疤意味着你的光荣。看看那些在沙滩上光滑的双腿吧，他们又有什么值得骄傲的呢？是你用自己的伤疤换来他们在游泳池边的怡然自乐。这些伤疤是你的勇气的徽章，为什么羞于展现它们呢，你应该为此感到骄傲。亲爱的，我一直都为你感到骄傲。让我们出发吧，去畅快地游一次吧！"乔斯顿心中的阴影就这样被太太的话驱散开来，他又重新热爱起游泳这项运动。

　　各地都会不定期地举办一些关于推销的演说，波士顿商会的营业经理俱乐部就曾经举办过一些这样的课程。这个课程历时五个夜晚，近 500 多名推销员前来参加。但这个课程有一个独特之处，就是在最后的一个晚上，所有来听课的推销员的妻子都会被邀请到会场。老师们指导各位太太如何鼓励自己的先生，使她们的推销员丈夫如何更成功，取得更好的业绩。

其中的一位老师是大卫·盖·包尔斯博士，他是《过个新生活》一书的作者。这位营销顾问在课程上向每一位太太提出了这样的建议：让你们的丈夫感觉到自己已经成为理想中的那个人了，这样他才会在每天的工作中充满自信，甚至会吹着口哨去上班。由此，他的销售业绩自然也会得到提高。

"赞扬他的气度不凡，即使他的装扮并不入时；称赞他喜爱的领带很有个性，即使并不是很值钱；称赞他言谈得体，当然你可以暂时不去提醒他昨天在宴会上出现的一个小差错。让他相信这样一个事实：他能够征服所有的客户。不要怀疑，他有充分的实力能够做到！"

我们有什么理由不信任自己丈夫的能力呢？既然这个远近闻名的营销顾问提出了这样行之有效的办法，我们为何不去尝试一下呢，而且这件事实施起来也是非常容易的。想一想，只要你动一动嘴巴，你就能发现自己获得了一份很棒的礼物，你的丈夫因此而变得更加自信，更加快乐。

《人文学年鉴》中写满了由一败涂地而转变为世界知名人物的神奇例子，他们之中的许多人正是由于一些赞赏的话而走向成功的。

你认为我的建议很夸张吗？那就让我们看看艾力·卡帕森，这个杰出的桥牌手的事例吧。

1922年，卡帕森先生说那时自己初来美国，一切都很坎坷，他感到自己是一个差劲的桥牌手。但是当他结婚之后，情况就改变了，这都要归功于他的妻子，这位女士是一位迷人的桥牌老师——约瑟芬·蒂伦。卡帕森认为自己那时候开始受到上帝的祝福，他的好运气来了。其实这一切都是他妻子的功劳，是约瑟芬使他相信自己是一个很有潜力的桥牌手。太太的鼓舞使这位先生终于在桥牌这条路上坚持下来，才使桥牌界又多了一位天才。

的确，真诚的赞美和激励是值得各位妻子尝试的。尽你全力去赞美你的丈夫吧，他是独一无二的。通过你们共同的努力，相信他一定能够成为自己心中的理想男人，而你也能够成就一个更加优秀、更加成功的丈夫。

学会倾听

1950 年 12 月，比尔·琼斯从芝加哥一栋五层高的楼顶一跃而下。难以承受的压力是他跳楼的原因，忧虑和害怕使他走上了绝路。

其实比尔的事业发展得十分迅速，但是与此同时也蕴藏了很多危机，主要原因是比尔没有考虑到公司的承受能力，盲目地开展了一次大规模的经济扩张。这一次的危机没有得到妥善处理，所有的债权人都来催迫他，而且他的支票在银行也无法得到兑现。最糟糕的是，他只能一个人默默地承受着这一切，他不敢把这些事情告诉那个一直以他为荣的妻子。比尔害怕这些事情会使自己的妻子远离幸福，掉进羞耻和痛苦的深渊中。

带着这些压力，比尔自觉无力回天，于是他走上了仓库的楼顶，犹豫了一下，然后从五层楼高的地方一跃而下。他的身体穿过底楼窗上的遮阳棚，最后掉在了人行道上。按照常理判断，比尔是必死无疑的了。但是，上帝总是会带给人们许多奇迹。比尔并没有死，并且身体完好无损，他所受的最大的伤害，只是大拇指的指甲被擦破了一点。更滑稽的事情是，比尔要为此行为付出的唯一款项，就是赔偿被他穿破的遮阳棚。如果他觉得自己没有必要去医院看一下自己的手指甲的话。

当比尔开始恢复意识之后，他简直无法相信发生的一切，但是他马上作出了一个新的决定。这时的他感到神清气爽，他认为自己的烦恼都不重要了。五分钟之前，他还觉得自己的生命是这世界上毫无用处的污渍，而现在的他则感觉自己是如此的幸运，他为自己能够活着而十分激动。

他匆忙地赶回家中，把发生的所有事情都告诉了他的太太。他太太起初有一些慌乱，这是很正常的反应。但这位太太马上就恢复过来了。她坐下来和比尔一起思考解决的办法，共同分析面临的危机。几个月之后，比尔重振旗鼓，做了一些真正有用的思考。

现在的比尔·琼斯不但使自己的事业步入了正轨，还清了所有的债务，更重要的是，比尔已经学会了如何与自己的太太一起共渡难关，就像他们一同分享胜利的时候那样。当时的比尔认为太太无法与自己一起承受打击，而选择了自杀，差点就断送了自己宝贵的生命。现在想想，这是多么恐怖的一件事。

如果丈夫不信任自己的妻子，这显然不是妻子们的错。比尔的例子就验证了这一点。有些男性一直以来都抱着一种错误的想法，他们认为事业是男人自己的事情，妻子在和他们结婚之后，只是用来分享他们的成功的。我不得不说抱有这种想法的男士，实在是错得太离谱了。男人们希望给妻子提供上等的裘皮大衣和各种名贵的东西，只要她们过得富足就可以了。一旦他的事业产生了危机，他们首先想到的就是如何瞒住，不让自己的妻子知道，他们总是认为妻子的脑袋里装不下这些烦恼。他们从来无法意识到，无论出现怎样的情形，妻子们都应该和他们共同解决这些问题。

同时，我们也知道许多男人想把自己的苦恼说给太太听，但是太太们却不愿或者是不知道该如何倾听这些话。这就是太太们的责任了。

1951 年的秋天，《福星》杂志刊登了这样一篇调查报告。他们在其中引述了一位心理学家的话："妻子所能做到的最重要的事情，便是让她们的丈夫把他在办公室里无法宣泄的痛苦、在办公室里受到的委屈通通说出来。"能够做到这一点的太太，无疑成为丈夫们的"安神丸""共鸣器""哭墙"和"加油站"。

与此同时，在这项报告中还得出了这样一个结论，男人们通常喜欢妻子主动、巧妙地倾听，他们最反感的就是妻子唠叨式的规劝。

在外面工作的女士们，一定都期望家里有一位能够倾听自己述说工作上的烦恼的人，如果真的有这样一个人的存在，我们肯定能为此感到欣慰。男人们也有同样的心理需求。办公室是一个有许多禁忌的地方，在这里，大家通常都很少能够真诚地表达自己的真实想法。无论我们有多么的高兴，我们也绝不可能在办公室里放声高唱；无论我们有多重的压力，也不可能当着同事和老板的面痛哭流涕。因此，在经过了一天繁重的工作，回到家之后，好好地发泄一下是很必要的一件事。

现实中常常出现这样的场景。彼得匆匆忙忙地回到家里，对妻子说："上帝啊，苏珊娜你可知道今天都发生了什么事吗？我竟然被叫进了董事长的办公室，他们要我对一份报告书提出自己的见解还有……"

苏珊娜的心思显然不在她丈夫的话上面，她心不在焉地打断了丈夫的倾诉："哦，真的吗？那很不错。彼得，今天你想吃肉酱吗？我还没有跟你说，修理工人上午来过了，他说咱们需要换一些零件。吃完饭你能去检查一下吗？"

"当然可以，亲爱的。就像我刚才说的那样，我终于引起董事会的注意了，索洛克·蒙顿要我向董事会提出见解。说真的，这简直让我紧张地有些颤抖，但是我必须把握好这一切，甚至连比林斯都赞赏了我，他认为……"

彼得的话又被苏珊娜打断了："彼得，我们可不可以先放下你的董事会，托尼的老师想和你谈一谈，今天他又惹祸了，他这学期的成绩实在是糟糕透了。他的老师说，如果他肯多用点功的话，他的成绩一定可以好很多。我对他已经是无能为力了。"

此时，彼得终于发觉妻子对他说的话题根本不感兴趣，她只关心她的馅饼、水管子以及成绩糟糕的儿子。这时候的彼得能做的，就是把他的得意与牛肉酱一起吞进自己的肚子，然后去看看他们家的水管，再去给托尼的老师打一个电话。

难道苏珊娜真的是一个自私的人，只希望别人能够听她自己的问题吗？当然不是这样的，她和彼得都需要听众，只是妻子的倾诉时候不对而已。彼得需要妻子分享自己的喜悦，而苏珊娜则需要丈夫多关心一点家里的事。这种情况下，苏珊娜只要先听完彼得说完在董事会的风光之后，就可以大谈水管和托尼的成绩了，而这时的彼得也会更愿意倾听这些话题。

善于倾听的女士不仅能够带给丈夫最大的欣慰与宽心，同时也拥有了社会资产。一个安静的、毫不矫揉造作的女士，对别人的谈话表示出极大的兴趣，她所提出的问题又表明这位可爱的小姐听懂了谈话中的每一个字，这样的女孩子往往最容易获得成功，不仅是在她丈夫的朋友群中得到成功，在自己的朋友群中也同样能够取得成功。

以机智闻名的杜狄·莫尼是这样描述一个懂礼节的男人的："当他最精通的事情被一个门外汉描述得乱七八糟时，他仍然能对此表示出极大的兴趣，这就是绅士的行为。"同样，这样的描述也适用于太太们。

事实上，一个善于倾听的人也会被很多事情弄得心烦意乱。但是，灵活的倾听也能够让你在冗长的演讲中获得许多益处。女演员蒙娜·罗伊在一篇文章中这样写道，在她担任了联合国教科文组织的代表之后，"倾听"和"学习"就成为她的口头禅。她经常和许多国家的代表交谈，从中了解到不同国家的需要。

"当然，"罗伊小姐也这样解释道，"在许多时候，人们必须容忍一些极其无聊的话题。但是我觉得，被人们当成一位有礼貌的智慧的听众，总比把自己隔绝在一个毫无意义的话题之外要好得多。"

那么如何做才能成为一个善于倾听的人呢？至少要掌握以下三个方面。

NO.1　用眼睛、面孔、整个身心去聆听，而不只是用耳朵

当一个人对谈话内容很感兴趣时，他的神态是会泄露出内心的秘密的。此时他的双眼会专注地看着对方，精神也十分集中，身体会稍微向前倾，脸部的表情也会随着谈话内容的转变而转变。当一个好的听众，不仅倾听者可以从中学到知识，对于被倾听者也是一个积极的响应。

玛乔力·威尔森是魅力养成方面的专家。她说："如果听众对谈话反应木讷，讲话的人也没有兴趣继续讲下去。所以，当你被一句话打动时，你就应该移动一下自己的身体，如同心里的某一根弦被震动了一样。"

如果我们想要成为一名优秀的听众，就必须做出我们感兴趣的神态，我们必须训练自己的身体，敏锐地表达出我们的情感。我们不仅要用耳朵去倾听，还要用眼睛、整个身心去聆听。如果你还是不明白如何正确地聆听的话，那么就去仔细观察一下那只在老鼠洞外专注等待的猫咪吧。

NO.2　问一些具有诱导性的问题

在谈话过程中，一些直截了当地提问方式，往往使气氛变得很尴

尴尬或会显得粗鲁无礼。为了避免这种情况的发生，作为一个善于倾听的人，我们可以采用一些诱导性的提问方式，这样不仅不会让对方感到难以启齿，也有助于话题的持续展开。

"史密斯先生，你是如何处理员工与主管之间的矛盾的？"这显然是一种很直截了当的提问方式。"史密斯先生，你难道不认为，在某些范围内让员工和主管之间相互妥协，是很有可能的吗？"这则属于诱导性的提问。

诱导性的提问方式，是任何一个想要成为优秀听众的人所必须具备的技巧。

如果你想成为他人的聆听者，并且不想直接提出那些他并不愿意听从的劝告，那么诱导性的提问方式就是一个屡试不爽的办法。

我们可以这样询问丈夫们："亲爱的，你认为在这个时候增加广告投入，是在拓展你的销售范围还是一种冒险的做法呢？"你提出了这个问题，并不是在直接地劝导他，但是这样的提问方式往往会带来与劝导相同的效果。

当我们与不太熟悉的人交谈时，正确的提问方式是克服羞涩、打破沉闷的好办法。当话题引到了自己身上，而不是棒球和天气或是谈论某人的疾病的时候，他们就会说得尽情而忘我。

NO.3　永远不要泄露秘密

有些男人认为女人们是无法守住秘密的，她们总是会在闲聊中泄露秘密，因此他们从来不愿意和自己的太太讨论事业上的事情。

约翰的太太和几位夫人在一起打牌，她无意中说道："等维基先生退休了，约翰希望能够顶替上经理的位置。"于是第二天，约翰对手的太太就从别的夫人那儿得到了这个消息，她马上告诉了自己的丈夫。于是约翰就在完全不知情的情况下被对手排挤出局。

有一个经理向我说起一件让他感到十分愤怒的事，他偶然在家中说起公司的一些事，然而事情却流传开来，导致他的职员们对公司丧失了信心。这位经理表示："我最讨厌乱嚼舌根的女人，尤其是在超级市场或是酒会上肆无忌惮地大谈公司业务的人。"

甚至还有一些女人，利用丈夫对自己的信任，在发生的争吵后利用这种信任作为威胁丈夫的筹码。"是你自己亲口告诉我的，你在公司曾经买过大量而不必要的剩余商品，而你现在却责怪我因为买衣服而浪费了钱！你有什么资格指责我！"

像上面这样的情况如果再多发生几次的话，我想这位丈夫就再也不会和妻子说起公司的事情了。她的丈夫将不得不承认，自己对妻子透露了太多的实情，这样做只会增加妻子在下次争吵中反驳自己的筹码。

做一个善于倾听的妻子，并不意味着要求太太对丈夫的工作做到事无巨细的了解，太太们没有必要了解丈夫工作上的每一个细节。假如一个男士从事的是绘图工作，他应该不愿意向自己的妻子讲解绘图的细节，而更愿意让她关注在自己身上发生的事情，对自己表示关心。

我有一个做会计师的朋友，他的妻子对会计方面毫无所知，就像我对分子理论一窍不通一样。但是我的会计师朋友并没有因此而感到烦恼："虽然我的太太永远都搞不懂会计方面的术语，但是我仍然可以向她讲述公司里最具技巧性的问题，她是一个灵巧而有耐心的倾听者，与她谈话简直是一件最美妙的事情。"

相信我。一对敏感并且经过训练的耳朵将会使诸位变得更加可爱，还能使你拥有一张比特洛伊城中的海伦还要美丽的脸庞，最重要的是这将为你的丈夫带来许多帮助。

培养与他相同的爱好

无论是一片面包，还是一个思想，只要学会与他人分享，就能够使你的人际关系变得更加和谐。同样，分享自己所爱之人的爱好以及兴趣，也是获得幸福婚姻的最佳方式。C.G. 瑞德赫斯曾经对200多对拥有幸福婚姻的夫妇进行过调查研究，调查结果显示："夫唱妇随"是这些婚姻成功的主要方式。

夫唱妇随的基本构成元素有：共同的朋友、共同的爱好以及共同的理想。

现在就让我们来看一个实例吧。

这是一对非常有名的夫妇，他们教授过的舞蹈学生已经多到数不清了。他们就是亚瑟·莫雷以及他的妻子凯瑟琳。夫妇两人已经携手走过了28个年头，并且一直携手工作。

有时候我会想，凯瑟琳和丈夫这样每天生活在一起，工作也在一起，肯定特别容易使他们的婚姻陷入到单调重复的无聊境地中，那他们是如何克服这个问题的呢？

凯瑟琳说："其实方法很简单，只要我稍微做出一些努力就可以了。首先，我总是要把自己打扮得很漂亮。我有一个原则，就是宁可让其他十个男人看到我没有化妆的样子，也不愿意让我的丈夫看到我苍白而不加修饰的脸。另外，还有一个重要的原因，那就是我们共同分享着两项简单的爱好——游泳和打网球。只要有闲暇的时光，我们就会相约一起出去享受这些活动。如此一来，可以共享我们的乐趣，使我们在不同的基础上也能融合在一起，这也为我们的生活注入了很多活力和变化。"

的确，每天除了工作而没有其他共同的娱乐，这样的生活早晚要把人逼疯掉，婚姻也会因此而索然无味。妻子们如果学会与丈夫分享一感兴趣、爱好，就能够大大增加夫唱妇随的程度。

哈里·C.施坦因梅兹在《临床心理学》杂志中这样写道："在美满的婚姻生活中，对彼此兴趣的适应能力，比本来就相同的喜好和习惯更加重要。"

埃及艳后克莱奥帕特拉，这位尼罗河上最有名的美女成功征服了当时最强势的男人。虽然这位女子并没有学过什么临床心理学，但是没有任何一个人能够像她那样精通支配别人的手腕，特别是对那些男人们。布鲁克斯告诉我，其实这位艳后的容貌并不是最美丽的，但是她和别人分享快乐和特殊嗜好的能力，让她在尼罗河上所向披靡，俘获了一颗又一颗勇敢的心。

克莱奥帕特拉通晓所有附属国的语言，她像她的祖先们那样，从来没有因为害怕麻烦而不去学习掌握，这位艳后能和任何一个国家的人交流自如。当这些国家的使节到达埃及后，克莱奥帕特拉从来都不需要随行翻译人员的帮助，她能够直接与他们进行对话，这赢得了很多人的拥护。

得知马克·安东尼非常热爱钓鱼之后，这位皇后就对奢华的宴会再也产生不了丝毫的热情了，她一心一意地跟着安东尼去钓鱼。有一次，他们出海钓鱼，当天，安东尼的运气不太好，钓了很久都不见有鱼儿上钩。于是，克莱奥帕特拉便私下里安排随从潜入水中，将一条大鱼挂在了安东尼的鱼钩上，这一个巧妙的手段轻易地使安东尼开心起来。有时候为了讨安东尼的欢心，克莱奥帕特拉甚至常常化妆成平民，与安东尼一起在贫民区里狂欢作乐。安东尼热衷的每一件事，这位娇小的皇后都能表现出极大的兴趣。

然而，在座的诸位太太们，你们之中有几个愿意穿上长筒靴，被粗布衣裳包裹着，在潮湿、污秽、寒冷的河里陪着丈夫钓鱼呢？

我的一些女性朋友常常抱怨丈夫们的喜好，比如她们的丈夫只会把难得的周末时光浪费在高尔夫球场上。其实这些太太们真应该好好学学我另外的一位朋友——弗里兰斯·山姆的做法。

弗里兰斯的丈夫是里昂·山姆，是一个著名的工程师。虽然他已经过世，但是当我们看到纽约城那么多的马路和大桥，都会很自然地联想到这位了不起的工程师。此外，他还是一位杰出的运动员，多次作为剑道代表团的成员参加奥林匹克运动会，并多次获得高尔夫球赛的冠军。弗里兰斯刚刚嫁给里昂的时候，连那些体育项目的专业术语都搞不清楚。可是后来几次见到她的时候，她不但已经学会了打高尔夫球，还连续三次获得了全国女子剑道比赛的冠军，并且数次当选为奥林匹克代表。如果当初山姆太太因为害怕麻烦，而不去了解和学习高尔夫球和剑道，不和她的先生共享这些爱好，可能出现的结果便是她的丈夫必须放弃生命中一部分有价值的生活，或是她在丈夫追求热爱的运动时独自在家度过寂寞的时光。

爱德华·瓦利斯是一位著名的神秘小说和冒险小说作家。这种职业的工作压力非常大。因此，他很喜欢赛马运动，在这项运动中，他的身心得到了极大的舒缓。瓦利斯太太对这种贵族式的运动提不起兴趣来，但是她知道这种运动可以帮助丈夫缓解压力，因此她每周都乐于陪丈夫去看赛马，并且和他一起欣赏那些名驹，以鼓励他适当地进行消遣。

妻子如果在丈夫的娱乐休闲中发掘到属于自己的快乐，就不会被丈夫撇下，独自一人了。你的丈夫会在周末时独自参与娱乐，而把你自己丢在家中吗？如果是这样的话，那么你们两个对此都有责任，要么是你的丈夫太自私了，要么就是你自己没有全心全意地去学习，只是把家当成了一个可有可无的消遣天地，而放弃了其他的娱乐项目。

弗兰西斯·舒特太太在刚成家时，生活得并不愉快，她也没有享受到婚姻生活的乐趣，这全都是因为她的丈夫在婚后一直保持了单身时的习惯：在闲暇的时光里，总是选择找他从前的朋友进行娱乐，全然忘记了家中还有一位太太。尽管舒特太太盼望着丈夫能够留在家中，但她也没有一味地责备和埋怨丈夫，或者干脆跑回娘家。相反地，她开始着手研究她丈夫的爱好，并且尽力使自己也融入进去。

舒特先生很喜欢下西洋象棋，舒特太太便请求丈夫教她怎样下象棋，这样的做法使两个人的水平都得到了提高，这位太太也成为一位相当厉害的棋手。舒特先生喜欢参加朋友聚会，太太就把他们的家布置得十分舒适，舒特先生自然而然就愿意将朋友带回家中，开一些小型的宴会。这样舒特先生也不用整天泡在外面，更重要的是舒特先生和夫人对于他们现在能共同参与到休闲娱乐中去的情况，感到相当满意。

这种做法是行之有效的，舒特夫妇结婚已经快 40 年了，自从那些日子之后，舒特先生就没有再认为自己还有离开家到外面去的必要了。事实上，舒特夫人认为，现在即使是自己拉着丈夫去外面，他都还不愿意呢。

"我认为，"舒特太太说，"妻子能够为丈夫做的最大的事情，就是让他的心情愉快。我一生最大的愿望就是能够与人愉快相处。"

舒特太太这样的做法，产生了非常好的效果，难道诸位太太们不想尝试一下吗？

5

第 5 章
懂得经营自己

家庭主妇是我不悔的选择，并且充满了乐趣。我在生活中想尽办法，尽我最大的努力使艾克以及我的家庭始终保持平稳和安定，这让我的生活繁忙而快乐，也让我感受到了生活的价值与意义。

我们亲眼见证了玛米·艾森豪威尔这个家庭主妇的成功，谁还会怀疑她的成功吗？她已经成功帮助自己的丈夫住进了世界上最大、最漂亮的房子——白宫。这是所有家庭主妇们的荣耀。

家庭主妇是值得骄傲的职业

曾经有一位社会学家得出了这样一个结论，当代的女性已经不再把处理家务事，看作多么重要的一件事来对待了。不管女士们把自己作为女性的原始才能发挥得多么出色，对社会来说似乎也没有多大的价值。所以，当一个女人向他人表明自己只是一个家庭主妇时，总会多多少少地带有一些畏缩和遗憾。

这位社会学家得出的结论，的确反映出了现在社会对于"家庭主妇"这个词的评价。我想大家一定也听过许多女性用"只是一个家庭主妇"这样的字眼来描述自己的身份吧。那大家是否也跟我一样，对这样的描述感到极大的愤慨呢？世界上还有什么功劳比维持住一个家庭的和睦，养育好自己的子女，支持自己的丈夫更重要、更值得尊敬的呢？放眼整个社会，做好一个家庭主妇也具有十分重要的意义。

一个女人把全部的时间和精力都奉献给了家庭生活，她一生扮演的角色就是家庭主妇。这个角色，比女演员在职业表演中所需要的技艺还要丰富，而女演员们在表演之初就拿着剧本，根本不用担心出现什么意外状况，可是家庭主妇们却从来没有固定的剧本，她们每一次的表演必须经过深思熟虑，每一个决定都关乎着一个家庭的未来，那是她们真情实感的表露，而不是刻意酝酿出的感情。有没有人仔细计算过，一个出色的家庭主妇需要多少种专业技能？首先，她必须成为厨师、管家、裁缝、洗衣妇、护士长、保姆、家庭教师、购物专家，其次，她必须兼顾或是作为一个专职的司机、书记员、记账员、牢骚发泄的对象；甚至她还得成为公共关系专家、人事主任、理财专家等。我甚至可以写出一长串诸如此类的名单给你，我相信你在这份名单上会发现所有叫得出名字的职业。当然，仅仅具备这些技能还不够，女人们除了要担任这些大部分重要的角色外，还要做最出色的自己，她要保持住自己的魅力和旺盛的活力，这是家庭主妇牢牢抓住丈夫心中重要位置的必备条件。

我从来没有听说过哪个老板的办公室是自己打扫的，接电话、做会议记录、为员工挑选圣诞节礼物这些事，也都不会亲自参与。但是，家庭主妇们却要完成比这更多的事情。因此，主妇们在某件工作上出现了一点小的纰漏又有什么值得大惊小怪，而要遭到所有人的埋怨呢？我甚至想提议设立一种年终奖，这个奖项就颁给一年当中出色地完成了主妇职责的女性。

不要因为你只是一个家庭主妇，就感到畏惧退缩，其实家庭主妇的影响力远比人们所能想象的还要大，这种影响主要体现在对丈夫的事业上。

玛莉亚·凡罕和弗迪南·伦德波格博士，在他们的作品中这样说道："从我们得出的调查结果表明，在一般的家庭中，妻子承担了大部分的家务。这种做法的好处，首先是不用雇用他人，这使丈夫收入的有效运用价值增加了30%~60%，这就能够节省出大量的开支。"另外，在《生活》杂志的一期名为《女性的处境进退两难》特刊中，他们还计算出，如果一个男人雇用别人做这些家务事，而承担起家庭主妇们的责任的话，他每年将要为此多支付一万美元。看看那些勤劳的家庭主妇们，为男人的事业减轻了多么大的负担啊。

许多著名的男士，比如尊敬的艾森豪威尔总统，就是因为有了妻子的帮助才获得成功的。而这些妻子们从来没有看轻过自己作为家庭主妇的身份，她们无一例外地认为，家庭主妇的职称是非常崇高的，并且具有重要的意义。

在某期《今日美国》杂志上，刊登了艾森豪威尔总统的妻子玛米·艾森豪威尔的一篇文章，这篇文章就是著名的《假如现在我又当了新娘》。在这篇文章中，总统夫人提出了许多真知灼见。总统夫人这样写道：生命带给女人的最伟大的经历，就是成为一名妻子。

家庭中的许多工作都是烦琐的，看起来可有可无，无足轻重。洗孩子们的袜子和全家人的脏衣服是令人厌烦的，并且至少每天一次。当你的丈夫回来时询问说："亲爱的，你看，我今天又做了一件大业务，你今天在家做了什么呢？"妻子一边炸着土豆片，一边说道："噢，我今天付了瓦斯费，修剪了我们的草坪。"

在这种时候，你一定很希望到外面去找份工作，很希望能在人群之中，为家庭多赚一些收入。这些对你来说是充满了诱惑的，然而如果你不向那些诱惑屈服，你就会得到更多的报酬。如果你一旦向那些诱惑屈服，10 年、20 年或是在你的余生中，你就会发现自己除了一个职业之外什么都不曾拥有。那时的你会发现，你的家庭是被你和你的丈夫同时抛弃的，你们的家没有丝毫的温暖。

"如果我现在才结婚，如果我有一次重新选择的机会，我还是愿意像以前一样，做一名家庭主妇。我将尽我最大的努力去做好一名家庭主妇，善用我丈夫赚到的每一分钱，结识那些值得结交的朋友，每天早晨看着丈夫吃完热腾腾的早饭后，信心满满地去上班，我还要尽我最大的努力去帮他达成一切愿望。家庭主妇是我不悔的选择。想尽办法、尽我所能，使艾克以及我的家永远保持着平稳和安定，这让我的生活繁忙却快乐，也让我感受到生活的价值与意义。"总统夫人这样说道。

我们亲眼见证了玛米·艾森豪威尔——这个家庭主妇的成功，谁还会质疑呢？她已经成功帮助自己的丈夫住进了世界上最大最漂亮的房子——白宫。这是所有家庭主妇们的荣耀。

自我提升的十条准则

今天诸位太太能够来到这里聆听我的讲座，都只是为了同一个目的，那就是希望成为一个好妻子。今天我就告诉大家，成为好妻子的十条准则，这些准则都是通过许多专家，经过多年的反复探讨得出来的。如果你能将这十条准则贯彻到你的生活中去，那么我相信，你的家庭生活一定能够变得更加美好，你的丈夫、子女们以及你自己都将得到幸福。

你心中是否充满了希望呢？那么现在，就让我们来领悟这十条准则吧。

NO.1　真正领会爱的含义

很多女士都以为，自己在年轻时体验过真正的恋爱，当然，但是这些女士往往在结婚后，却会对之前的恋爱体会深表怀疑，甚至会认为自己的婚姻完全是一个可怕的错误，或者后悔当时不是和其他人结婚。

在我看来，爱情比想象的要复杂很多，年轻人总是会把爱情简单化、梦幻化。特别是进入了婚姻之后，你们的感情需要变得更加成熟，才能在婚姻生活中获得幸福。使者保罗曾经在信中写道："爱情会永远成功。"我想他的意思大概是，只要你在爱情中的心态是成熟的，你就能够获得成功的婚姻，如果你总是以训诫、挑剔或者眼泪来哀求，都无法获得长久安稳的幸福婚姻。

尽管我们承认，性对爱情有非常大的影响力，但是爱情并不意味着男女之间单纯的生理上的吸引，更不是青春期少男少女的痴情。爱情是一种能力，爱情是热爱生活的感受，爱情也是适当的自爱，爱情以其各式各样的途径表现出来。没有人能够得到全部的、完整的爱。假如你希望你的丈夫爱你，那么你必须首先给予你的丈夫一种成熟的爱，并且以他能够接受的方式给他。例如，一些在严谨的家庭中成长起来的男人，他们往往也是含蓄内敛的，不会将自己的感情外露，这个时候，如果他的妻子是属于充满柔情的人，那么这个妻子一定会抱怨丈夫不够温情，或者太过冷血。

NO.2 "完美的婚姻"是不存在的，只有努力追求的"美满的婚姻"

我们不能苛求一个人是完美无瑕的，也不能去苛求我们的婚姻是完美的。年轻人常常对爱情以及婚姻抱着不切实际的幻想。尽管在现实生活中，也确实存在着少数比较美满的婚姻，但是我们必须承认的是：这个结果是夫妻双方共同努力产生的。他们肯定付出了许多，这些努力和付出通常是我们看不到的。

婚姻是一段新的旅程，这段旅程并不全都是平坦的大道，你必须从现在开始就做好长期辛苦努力的心理准备，这样你才能获得美满的婚姻。有一位不愿过着平凡生活的妻子曾说："在婚姻这段新的旅程中，所有的经历与时间都用来承受'无聊的工作''小孩的尿布'以及'恐怖的房贷'了。另外，你在结婚后看什么都不顺眼，你会渐渐发现自己那位潇洒的伴侣，显露出一些在你们恋爱时不曾有过的习惯和缺点，你甚至有时候感到他简直太可恶了。他变得和你想象中的完全不一样，当然你也不再是他心目中的那个形象。你们之间渐渐出现了分歧和矛盾，直至爆发战争，所有的这些都出乎了你们的意料。"

婚姻关系是所有人际关系中最为复杂的一种，也是最棘手、最难处理的一种。想要将婚姻关系处理好，就必须要有足够的耐性、技巧以及感情和精神上双重成熟的心态，要想全部做到是十分困难的。如果你想培养出这样和谐的婚姻关系，或者是想要将你的婚姻变得近乎完美，你们双方都必须要付出努力。

NO.3 在一定程度上为他助力

在这世界上是找不出两片完全一样的树叶的，也找不出两个完全相同的人。任何事物在这个世界上，都是完整而独立的个体。你的丈夫也不例外，他是独一无二的。他不是其他人的结合体，就如同你也不是一样。他有男人刚强的性格和健壮的体魄，当然他也有自己的喜好、需求和不足。总之，不要用你脑海中的形象去苛求他，也不要用你想象中的方法去取悦他。虽然作为一位妻子，你可能有强烈的想要取悦他的愿望，但是错误的方法不但满足不了他的需求，还会背离你的初衷。

你的温柔细心也许是你的丈夫需要的，也许他需要你在事业上给予他帮助，不同性格的男人有不同的需要。如果他是一个喜欢整洁干净的人，他一定希望自己的妻子也能够把家里打理得井井有条。如果丈夫是一个热爱运动的人，他便会对家中是否被打理得有条理感到毫不关心，他只希望妻子能够在周末和他一同去游泳。如果他是一个遇事不假思索、直来直往的人，那么他也会希望妻子以同样的态度来对待他。如果丈夫是一个，喜欢规划生活的人，那么他会希望妻子能够跟上自己的步伐。有些人想当然地以为"顺从他的意愿就能取悦他的心"，这个经验对于你的丈夫也许是适合的，也许压根行不通。

如果你想取悦自己的丈夫，就必须摸清男人的喜好，并且摒除自己的偏见，努力去发掘丈夫真正喜爱的东西。也许起初你会感到自己并不能满足他的所有要求，但是千万不要就此断言你们的婚姻无法挽回了。因为没有人能够做到完全让彼此满意。同样的，假如丈夫没有达到你的全部要求，你也不能就此认定这不是你想要的伴侣。无论如何，当丈夫有了特殊的需求时，如果这些需要并无不妥之处，那么作为妻子就应该努力去满足他。如果丈夫提出的要求是无理的，那么你也不必忍气吞声，你应该立刻表明自己的态度，维护自己的尊严和权益。你没有必要成为婚姻的牺牲品，站起来表达你的反抗，而不是用眼泪或其他手段去"收买"、去委曲求全。

NO.4　不要过于依赖父母

结婚前，你一直生活在父母的身边，因此，你会对你的父母产生强烈的依赖。这是人之常情，但这并不能成为你在婚后一直回父母家的理由。尤其是在刚结婚的几年里，很多女士无论做什么事情都要先去听取父母的意见，为此也给父母带去了很多麻烦。在结婚后，你应当逐渐地成熟、独立起来，应该尽量减少对父母的依赖，直至完全不需要。

父母对子女的爱是无私的，虽然他们也希望看到女儿们独立自主，但是又害怕因此而失去了子女的依靠。在这样矛盾的心理下，父母们就会以各种各样的方式来表达自己的恐惧，他们会随时随地参与到女儿的生活中去。父母的指点有时候也许是有效且明智的，但是由此带来的负面影响，是父母将女儿的生活也完全控制住了。即使是为了不让女儿犯错误，这样的做法也还是不妥的。父母过分的指导，会导致女儿在三四十岁回家探望父母时候的表现，和孩子没有什么区别。经过了许多年之后，有的女儿甚至会为此而怨恨自己的父母。

"每一次我回家，我的母亲总是让我认为自己还是一个年幼的孩子，她一直照顾着我，指导我如何与丈夫相处，替我照看我的孩子，她总是说'珍妮，你应该这样做'，'珍妮，这个我来帮你做好了'等等。当我回到自己家中，妈妈还会写很多长信来指导我的生活。虽然我很感谢她的帮助，但是我也希望她能允许我犯一些错误，或者是让我发表一些自己的观点，好让我能够得到教训并且独立起来。" 38 岁的珍妮如是说。

母亲对自己的子女，都有强烈的控制欲和占有欲，她们天生会对子女的伴侣带有敌意。虽然很多母亲都表示自己想让女儿独立，但是她们就是无法割裂与女儿之间的脐带关系，她们天生便具有满足孩子需求的愿望。与此同时，女儿也意识到自己应该学会独立自主，但是在潜意识里，他们仍然紧紧抓着父母不放，觉得自己还不够成熟，做不到断然拒绝父母的帮助，这就难免使自己的生活被父母掌控，受到父母的干涉。

你不仅要做到独立自主、不依赖父母，还要细心对待丈夫的父母以及亲戚，这也是婚姻关系中应该注意的一条。永远不要去指责丈夫的亲人，可能连你的丈夫都不满他亲人的行为，可能他自己也会顶撞他的父母，或是责备自己的兄弟，和自己的姐妹闹情绪，但是，作为妻子你绝对不能对他们妄加评断。丈夫决不会认同或欣赏你指责的态度，你要做的就是忍耐。同样，这也适用于你的丈夫，他也不能指责你的亲戚们，这是需要双方共同注意的地方。

NO.5　用鼓励取代强迫

有一位丈夫在写给我的信中这样说道："我的太太总是埋怨我，怪我从来不赞赏她，从来不评价她的新衣服好看与否，也从来不说她漂亮，更对她把屋子收拾得干净这件事不做任何表态。如果我对她说这都是她应该做的事情，她就会十分伤心甚至愤怒。可是她也从没有赞扬过我的勤奋或上进，当我把薪水交给她时，她也不曾对我表示过赞扬。对此我也没有表达出什么不满。我不明白为什么她非要让我对她早上做的煎蛋卷，或是她的新发型作出赞赏的评价。难道这不都是她应该做的吗？难道我每天工作到筋疲力尽就应该如此？"

这对夫妻所面临的问题，是当下许多夫妻都会面临到的情况。在一般情况下，女人更感性一些，因此他们常常比男性更需要安慰，而且她们非常渴望得到赞扬。太太们在付出了很多的努力后，做出了一顿可口的饭菜，当然希望得到丈夫的赞赏。就像上面那位丈夫提到的，很多男士对于周遭事物的关心程度远远比不上女性，他们很少注意到今天的沙拉酱换了牌子，也很难发现妻子换了一身新衣服，因此也就很少赞赏他人。另外，丈夫也需要得到同样的安慰和赞赏。

如果一个妻子总是抱怨自己的丈夫不知道赞美自己，或者妻子总是强迫丈夫来赞美自己，由此得到的结果只能是丈夫的逃避，反感甚至敌视。这时候，最明智的做法就是将你期望的赏识和赞扬先给予丈夫，那么你就一定能够从他那里得到相应的赞赏。如果你的丈夫对周围的事物反应迟钝，或是他根本自私到不想赞扬别人，那么你应该更温柔地让他知道你的想法。

另外，男人们永远都不希望女人把自己视为小男孩，因此妻子们最好不要用母亲责备孩子的语气来责备丈夫。用温柔和机智足以取得胜利，指责和强迫注定将要失败。

完美的丈夫并不是天生的，但是一个聪明完美的妻子则懂得运用巧妙的方法，让自己的丈夫心悦诚服地变成自己心目中完美的丈夫，而丈夫也会在不知不觉中受到妻子的影响。

NO.6　消除你的嫉妒心和独占欲

嫉妒存在于每个人的心中，只要这种嫉妒不过分就能够得到谅解，但是过分的嫉妒就会变成欲望的魔鬼，当你任由心中的嫉妒随意扩散，它们就会演变成独占欲。独占欲和嫉妒心是密不可分的，强烈缺乏安全感是导致独占欲的根源。

伴侣强烈的独占欲会让对方感觉到冷漠和孤独，长此以往就会危及到你们的关系。有些妻子的独占欲会迫使丈夫最终脱离家庭，甚至投入到别人的怀抱。

好好想想，你是不是经常要求丈夫在家陪你，剥夺了他加班以及与朋友消遣的时间？当你的丈夫和女同事交往时，你的表现是不是有些过分？你丈夫的风度翩翩是否让你感到手足无措，每分每秒都想把丈夫留在身边？你甚至准备与丈夫一同出差，以防止他和别的女士接触。如果你有很深的感触就一定会出现上述这些状况。

假如你已经意识到这种状况的存在，那么就不妨留意一下。如果在经过了尝试之后，你感到自己的状况仍未得到好转，那么我真诚地建议你找一些婚姻专家进行咨询，听听他们的建议。也许这段时间会比较漫长，但你必须具备足够的耐心来等待情况的好转。

NO.7 温柔相待

当丈夫回到家时，你希望见到的是一个充满笑容与活力的丈夫，这样的状态才能够感染你，这种需求也是十分正常的。如果丈夫的表现是毫无精神的样子，我估计你在看到丈夫神情的一瞬间，也会变得郁郁寡欢和压抑了。所以，照此推断，丈夫的想法也是如此，他希望推开门的一瞬间，能够看到那个温柔而热情的你，如果当他下班回到家时，没有得到你热情的拥抱和亲吻，他就会感到失落和诧异。你的面无表情或是生气的样子只会让他想到孩子又惹祸了，或有其他麻烦等着他去处理。这样的琐碎可能不一会儿就会成为你们争吵的起火点。

尽管你认为自己每天都在辛苦地工作，但还是感到日子过得不够好，负担还是这样重，你想要丈夫替你分担一些痛苦和忧愁。可是丈夫却总是对你的要求置之不理。你认为他在你需要他的时候表现出来的是那样的不情愿，这让你感到十分愤怒和伤心。事实上，你应该理解丈夫的反应，他并不是不愿意帮助你，而是很多时候他自己的要求还未得到满足。

无论你之前有没有对丈夫笑脸相迎的习惯，从现在起你都应该尝试着用热情去对待丈夫。一碰面，只知道诉苦和抱怨、叨唠事情，这对你们的婚姻是没有益处的。你会觉得你的伴侣可能比你想象中的差太多，殊不知丈夫对你的想法也是如此。他会想到自己在结婚前的日子过得有多好，从来没有坏消息和牢骚惹他心烦，他甚至开始怀念起那种单身汉的生活。

婚姻生活中，夫妻双方无法分得那样清楚，不是一句简单的对错就能把事情说明白的。爱情是奉献，而不是一味索取。任何人都不可能向他人无尽索取，却不付出。必须有更成熟、更懂得爱和理解的一方来打破这种僵局。如果你想走出婚姻的阴霾，从现在起就要尽可能地施展你的柔情，尽情地赞美你的丈夫，并且不要急着立刻看到效果。也许你的先生对你的转变最开始会感到奇怪："今天她是怎么了？"如果一个妻子真心希望自己的婚姻变得美好和谐，就应该认认真真努力地坚持一年甚至是五年，养成习惯之后，你就会发现自己和丈夫的关系悄然发生着变化。

NO.8　责备改变不了丈夫

有一件事情我们是再清楚不过的了，我们不可能将他人的性格改变过来，能改变的只有我们自己，在我们改变自己的时候，其他人也会产生相应的变化。这同样适用于婚姻生活中。太太们如果想使自己和丈夫在婚姻中获得幸福，就必须放弃改变丈夫的念头。企图用命令或要求把丈夫捆绑在自己的想法之中，只会令丈夫对你产生抵触情绪，这样的做法还会引起家中其他成员的不满。爱自己的人才能得到爱，才能够把爱传递出去，而怨恨只能引发仇恨。

你有权利表达自己的情绪，但关键是你要选择适当的方式。我们可以看看下面这两种表达方式，不同的做法导致的结果是截然不同的。

"你真让我无法忍受！你怎样才能记住我们的结婚纪念日，现如今的你，甚至连话都不愿意和我说了，我都忘记我们上一次外出吃饭是在什么时候了！"这位太太终于爆发了。

"亲爱的，我想我需要你的帮助，我感觉自己遇到了一些麻烦事。最近我的心情总是很烦躁，情绪也调整不好。我想我最好能去看看医生。这应该是人为原因造成的。我也不知道为什么会变成这样。也许是因为孩子们太淘气了，我时常感到心烦意乱。我知道你的工作也很辛苦，因为最近你的心情也变得很急躁。但是我还是无法克制住自己的脾气，经常会跟你提一些无礼的要求。也许有时候会让你误以为我不爱你了，不像结婚前那样对你好了，但请你相信我，我跟以前一样爱你。我会努力恢复到从前的样子，当然我没有权力让你跟我一起改变自己，或者让你适应我，我没有打算那样做。我想我可以先把孩子交给别人照顾，我们找个时间一同出去散散心，有时候我们也应该留出点时间给自己，你说呢？"

这两种做法的效果显示是不同的。妻子对丈夫提出了要求后，也许有的丈夫会立即做出回应，改变自己，但是有的丈夫却不会那样做。对于后者，妻子们只需要再努力一下就能够达成自己的目的了。妻子们的温柔只能表现在向丈夫传达爱意的时候，而不能用这种温柔的方式作为达成其他目的的杀手锏。

灵敏的丈夫能够立刻做出回应，而迟缓的丈夫则可能需要一段时间才能领会。无论反应是怎样的，这样的做法都是值得一试的。好妻子不会勉强丈夫做事，对丈夫总是会表现出无私的爱和良好的耐心。

NO.9　不要自以为是

很多在优越环境中成长起来的男女，往往会养成自以为是的错误习惯，这种人总是认为别人都比不上自己，有一种特殊的优越感。显然，很多人都患上了这样的"王子病"或"公主病"。

事实上，人与人之间虽然存在着诸多差异，但是绝对不存在谁更

第 5 章　懂得经营自己

高人一等的说法。一个聪明漂亮的女孩子也许习惯了别人的赞美，毕竟自己的父母、亲人、朋友都是夸赞她的，先不说这些人是怎样表达的，不管这赞美是否真心，都会让她飘飘然。如果这个孩子在父母的宠爱下，还拥有一些才能，那高人一等的优越感就会在她的心中生根发芽。这样的孩子会从在自己的亲人面前炫耀开始，逐步地变得自以为是。这种自我陶醉的心理是从儿童时期形成的，一种不成熟的表现，处理不当的话，它就会一直伴随着孩子进入成年。只有摒除掉这个坏毛病，孩子们才能在感情上真正变得成熟起来。

当然，没有人希望自己是特殊的，或者得到别人特殊的对待。一个自以为是的人只知道提出更加过分的要求，喜欢对别人颐指气使，当别人无法满足自己时，就会大发雷霆。自以为是的妻子会用买生活必需品的钱去购买奢侈品，并且习惯用强硬的口气对丈夫做出最后通牒。有时候她也会狡猾地利用自己的优势，去摆布别人以满足自己的要求。诸位太太们，如果你发现自己有这样的势头，你也要从现在开始将它摒弃。

NO.10　爱是持久忍耐

有一位太太在结婚之前就知道自己的先生有酗酒的毛病，但是这位太太并不在意："酗酒只是一个小毛病，而且能够轻易被克服掉。何况我的丈夫喝酒过度的时候很少。如果他很爱我的话，我想他能懂得如何克制自己。"结果太太的这一席话并没有使丈夫的酗酒程度减轻，反而令他的情绪更加紧张，喝得也更加厉害了。

还有一位男士喜爱高尔夫球运动，他的妻子在他们结婚之前并没有为此表示不满，但是在结婚之后，情况却发生了变化，妻子开始不断抱怨自己的丈夫为了打高尔夫球，而经常把自己丢在家中。

一般而言，女人出于对婚姻、家庭、孩子的强烈渴望，总是会原谅丈夫的一些小缺点，女士对待婚姻的态度总是盲目乐观的。她们信奉"爱情可以改变一切"的箴言，对彼此抱有幻想。但是，大多数情况下，只有正确的爱情观才能解决婚姻中的问题，而成熟的爱必然少不了耐心。爱是恒久的忍耐，不成熟的爱情无法得到持久的效果。

好妻子不会去指责、埋怨以及命令丈夫。丈夫与妻子产生的距离是与妻子批评丈夫的次数成正比的。即使你说的是完全正确的道理，也阻止不了你的丈夫走得越来越远。爱情带给人太多期望，对于丈夫的酗酒、流连高尔夫球场、眼睛紧盯着电视屏幕而对你的不理不睬、忽视你们的结婚纪念日等，这些粗心大意的举动，常常让你无法忍受。但是，你如果用发脾气或哭泣的方式来解决问题，不会有任何效果。容忍丈夫的一些难以接受的行为需要你付出极大的耐心。只有耐心才是建立美好婚姻的根基。

当然，爱是持久的忍耐，并不是说丈夫就可以仗着你对他的爱，便任意践踏你的权利。妻子当然也有表达个人观点的权利。婚姻并没有赋予别人控制你的权利，你更不需要为了维持婚姻而放弃自己的个性，成为一个忍气吞声的可怜虫。妻子对丈夫的耐心并不会使女人丧失自己选择的权利。

为生活制订计划

玛格丽特·威尔森是当今最著名的女性美与仪态的专家。就像她在她的作品中所倡导的那样，她本身也是一个典型的模范女士。这位女士的工作十分烦琐，首先她要做很多家务事，之后在与朋友们的聚会中，又要时时刻刻表现出美丽得体。

最近，我和桃乐丝被共同邀请参加了在玛格丽特女士家举办的宴会。这仅仅是一次自助餐晚宴，有八位宾客被邀请参加，其中包括几位政治家。宴会举办得非常成功，宾客们觥筹交错，谈笑风生，宴会的布置也十分赏心悦目，我们都沉浸在美好的氛围中。玛格丽特请我们吃了一顿精美的大餐，炸鸡、大腕鳄梨、柿子沙拉、热卷面包、青豆蘑菇炖锅以及自制的水果果冻和冰激凌，我到现在还能回味起餐桌上的那些美味。

这次的宴会上并没有仆人帮忙，所有东西都是由玛格丽特亲自准备的，但是这位女士却没有一丝慌乱的神情，她表现得那样从容不迫。宴会结束后，我询问玛格丽特，她是如何做到独自安排好整个宴会的。

"其实很简单，我所有的准备工作都是用最便捷的方式完成的，这使我节省了不少时间。让我说得清楚一些，我在所有的客人到达之前，就开始做炸鸡，在我们开始喝上鸡尾酒的时候，我就把炸鸡放在烤箱中加热。水果沙拉是用罐头水果在宴会之前就做好的，随时可以食用，而且我发现它的味道非常好。我在下午就把青豆煮好，然后将它们和蘑菇一起放进炖锅中。到了快要上菜的时候，我便把它们加热炖好。甜品则是我事先就把冷冻水果混合好了，再把它们放到冰激凌上面的。一切都是事先准备好的，就没有什么可麻烦的了。"

然而，很多女士还是无法相信，在她们的心目中，准备一场宴会意味着几个小时的忙碌。从烹制饭菜到烘烤蛋糕，准备好精致的不常见的碗碟，还要留意一些客人的特殊喜好。等到所有的客人都到齐时，宾客们能够看到女主人是多么的忙碌，她几乎要支持不住了。

1948 年，当时我正在欧洲，我们约好一起去一位刚刚认识的朋友家做客。这次宴会的主人是一位大学教授，我们准时到达那里，却没有看到这位教授的妻子。教授解释说，他的夫人正在厨房里监督仆人们准备晚宴。过了一会儿，这位夫人出来，坐下和我们交谈了几句，但是我和桃乐丝都感觉这位夫人的心思还留在厨房里，果然不久之后她又去厨房了。

不得不提的是，他们的晚宴的确做得非常可口。但是我从来没有发现有哪位宴会的主人，会像教授夫人这样花费如此多的心思。每当我们吃完一道菜，这位夫人就要去厨房监督下一道菜。当这个精致却不舒适的晚宴结束之后，我们都大舒了一口气。我想我们更愿意去餐厅吃这顿饭，以便能和这位女士享受一下相聚的乐趣。显然，她肯定没有听说过玛格丽特的"简捷"办法，或许就算她知道了，也不愿意那样做，毕竟欧洲的传统一向如此。

现实的要求以及丰富的想象力和创造力，使美国的家庭主妇做出了数不清的发明创造，如冷冻食品、密封包装好的什锦菜以及各式各样的家庭用具。为什么不好好利用这些东西的功能呢，这些东西能给你带来非常多的好处，能为你节省下来不少时间和精力，用那些节省下来的时间和精力你可以做很多其他的事情。

当然我并不是说什锦菜会比母亲亲手煲的蔬菜汤更美味，我认为这两种菜的味道并没有很大区别。但是我想丈夫们还是会介意一些，他们肯定更愿意看到一位每天都精神饱满、神采飞扬的太太，而不愿意看见自己的太太每天花好几个小时泡在厨房里，这让任何人都提不起兴致来。

有研究报告表明，一些家庭主妇最大的缺点就是——无法提高家庭效率。吉尔布雷斯得出了这样的结论："节省行动"已经使我们知道许多处理家事的简捷方式，你有没有将一件事情的 16 个步骤统筹安排为 5 个步骤，还是你一直在使用四个动作去完成两个动作的工作？好好反思你在处理日常工作时犯下的错误，然后思考一下你是否能够改进你的效率。最快的方法，往往就是最好的方法。

例如，你在做早餐的同时，完全可以一次性从冰箱里取出你需要的其他东西，这样你不仅能够节省出大部分的时间和精力，也能节省燃料。不要先拿走一个鸡蛋，又再来取一次奶油，过了一会儿又来取一次奶酥。

另外，多准备几块抹布和海绵放在房间的各个角落，也是一个不错的节省时间的办法。如果你们的浴室里有一块海绵，那你就可以随时取出来擦拭一下浴室，保持浴室的洁净。这比积累一个星期的灰尘再进行清洁要好得多。如果你能够做到"走到哪里，扫到哪里"，就不必再用 6 天的时间去烦恼第 7 天应该如何清扫房间。如果你住的房子是一栋二层楼，那么把一些清洁用具，比如肥皂、刷子、拖把、抹布等时放在一楼和二楼就是很有必要的了。

我自己也有一些这方面的经验。在我们的孩子还很小的时候，我要在浴室中帮他洗澡，因为家里实在没有空间摆放婴儿的洗澡盆。由于我的个子比较高，所以在给他洗澡的整个过程中都必须要弓着身子，这使我的背因此痛了好久。后来我就在厨房的水槽里给他洗澡，这个方法很不错，它既减轻了我的腰痛，也让孩子有了足够的空间，甚至还有一个篷篷头能为他淋浴。

很多忙碌的女士在晚上洗好了盘子和碟子之后，还会顺便摆好早餐要用的餐具。这样既省去了把餐具拿来拿去的麻烦，还能够让你的早餐吃得更舒适一些，而不是老是要来回奔波百米赛跑似的。

对于女士们来说，上街购物是最耗费时间的事情，以下几种方法可以帮你节省一些时间。

NO.1 某些日用品可以大宗订购

比如餐巾纸、卫生纸、肥皂、牙膏、清洁剂等，这些东西可以使用邮政或者是电话大宗订购。如此，我们还可以享受到价格上的优惠以及送货上门的好处。

NO.2 购买之前一定要列出自己的购物计划

比如，你需要一件冬天的大衣时，那么在你走进商店后，一定要知道自己需要什么材质、什么价位、什么颜色以及什么款式。这样你就能够节省不少时间，而不必像苍蝇一样漫无目的地乱撞。

NO.3 加入一家消费者服务社

我就加入了这样一家服务社，一年的费用才六美元。但是，它提供的服务却是物超所值的，每年都能为我省下一笔庞大的费用。每年它都会寄给我一本目录，每个月会寄给我商品的说明书。在这本目录中记载了市面上所有的商品，从牙膏到汽车，无所不包。服务社对这些商品进行科学划分等级，并告诉你最贵的并不一定是最好的。就像去年，我买了一款洗手剂，只花费了四十九美分，而且它还是市面上最好的牌子。但之前我们家一直使用的洗手剂却要一美元，而且质量也差很多。我认为单是这一项上的节约，就值得参加服务社的花费了。

NO.4 记杂记

我是利用在办公室工作时，学会了记杂记的。如果你没有超强的记忆力，那么记杂记是节省时间最好的办法。无论是安排一个宴会、订购日用品、计划年度预算，还是上街购物，你都应该养成把它们记下来的习惯。为什么要让自己那么辛苦呢，脑子里除了要装莎士比亚的十四行诗以及丈夫的老板的名字之外，还要装那么多的杂事。而杂记的出现，就能大大减轻大脑的压力，也节省出更多的时间让你的脑子去发挥更大的用处，而不仅仅是用来记忆。

现在只要认真思索一下自己的工作方法，你就能发现许多值得改进的地方。你将为此得到一大笔时间，利用这些时间去做更多事情，比如和你的先生进行一次约会，或者带你的孩子去郊游。为什么一定要将时间浪费在不断开关冰箱门上呢？

下面有三条建议，可以帮助你合理地规划工作计划，提高工作效率。

NO.1　仔细检讨你的工作方法

在每天必须做的事情上，你可以提前做好计划以免耗费过多时间。在一些烦琐的事情上，一定要学会化繁为简。大多数时候，主妇们都是因为做事不得法而浪费了时间。

NO.2　改进你最不喜欢的工作，这些工作往往是最耗费你的时间和精力的

努力寻找简捷之道，如果你仍感到毫无头绪，那么不妨请你的丈夫，或者朋友帮忙想一想，或是写信到一些杂志上的家庭专栏，让他们给你提供一些生活上的小妙招。

NO.3　对于你十分不了解的工作，一定要设法掌握

有一次，亚历山大·格拉汉·贝尔向他的朋友约瑟夫·亨利抱怨道，他目前工作已经进入了瓶颈期，因为他缺乏电学知识。这位史密索尼安协会的秘书只对亚历山大说了一句话："学会它！"

你不必因为做不好一件事而感到愧疚，不去做那件事才是真的丢脸。假如这件事情是值得做的，那你就必须把它做好，即使只有普通才干的女人，只要她想，就一定能够把家务和工作兼顾好。即使你请了用人，你也可以将自己的心得告诉他们，这样用人也不必因为不知道如何做而遭到解雇。

有一件事情是必须说明的，提高工作效率并不是让你放弃自己喜欢的工作，也不是要减少你做家事的乐趣。除掉杂草，你才能欣赏到

花朵，但是千万不要因为一时的兴起，连花都一并除去。太太们可以在自己不喜欢的工作上使用一些简捷的办法，这样你就能够拥有更多的时间去做你喜欢的事情了。

我知道，很多女人会在烹制菜肴，或者是装扮卧室等事务上面获得极大的满足感。无论你的兴趣在哪，都要学会享受它，而不是要你放弃做好一件事情的满足感。在家事上多使用一些技巧，提高自己的工作效率的主要目的是为了让你拥有更多的空闲去做你更喜欢的事情。

懂得规划时间

你是否知道，那些全国最忙的女士是怎样分配一天 24 小时的？

没有人会说埃莉诺·罗斯福是一个懒惰的人。在各地演讲、坚持进行写作、为促进各国各地的友谊做出了各种努力，她的日程表并不比自己的总统丈夫轻松。大部分比她年轻，比她有精力的女性都难以胜任如此繁重的工作。

记得有一次，我在纽约对这位总统夫人进行访问，我们的访问一结束，罗斯福夫人就要到另外一个城市去参加一个民主党的集会。我问她是如何做到完成如此多的工作的，她的回答简单明了，也很容易理解："我从来不浪费一点时间。"

总统夫人告诉我，不仅如此，她还在报上发表过不少文章，这些文章都是利用约会与会议之间的短暂空当完成的。她经常工作到深夜，天不亮就又起床工作了。

我们和这位总统夫人一样，每天也拥有 24 个小时，那我们又是如何度过这 24 个小时的呢？对于很多妻子而言，她们的 24 个小时总是悄无声息地就溜走了。而对于我们喜欢的事情，则总是没有时间完成，没有时间读书，没有时间去学自修课程，也没有时间带孩子去动物园玩，更没有时间参与孩子学校的一些活动。

保罗·波派诺博士在《如何创造婚姻生活》一书中写道："大部分家庭主妇们都会这样认为：做家务耗费了自己的大部分时间，以致自己的时间总是不够用。但是在这里我必须要说，这是一件值得重新思考和商榷的论断。如果主妇们愿意的话，完全可以将自己一周进行的活动都写在纸上，结果一定会令人大吃一惊。"

这位博士说的没错，你可照此做一次，看看效果如何。把一周内自己完成的事情和所耗费的时间记录下来。如果你保持了足够的诚实和细心，你会发现很多这样的项目："10 点接到马蒂儿的电话，10 点45 分结束通话"，"下午 1 点至 2 点间隔壁邻居谈天"，"3 点到 4 点 30分，和哈莉耶特喝完下午茶后逛街"。

从整整一个星期的记录里，你就能清楚地知道，你在日常生活里是如何浪费了许多时间。这样你就能够采取查漏补缺的方式，规划好你的时间。家庭主妇也需要设计日程表，优秀的主妇都是时间规划大师。

在纽约市的社会研究学校，有一门课程叫作"社会上的女人——人际关系研究"的课程。授课教师是爱丽丝·赖斯·库克小姐。这位小姐不仅是一位出色的职业女性，还是一名优秀的教育家。爱丽丝小姐通过这门课程帮助女性如何在社会上找到她们的正确岗位。课程一开始，每个学生都要列出她们一周内工作时间的记录表。

"当学生们在自己的记录表上得知她们浪费了多少时间，去打那些毫无用处的电话，或是她们明明可以一次性在杂货铺买完所有的东西，却非要跑两趟完成。看到这些，她们感到大吃一惊。如此，她们才能够重新审视自己使用时间的方式，学会和享受一些更有效率的生活。"爱丽丝这样向我解释记录表的意义和必要性。

"当我做好我的时间和工作记录表之后，我就能够很清楚地知道，我必须停止阅读侦探小说的行为。"爱丽丝小姐还说，"当然，并不是每个人都要停止阅读侦探小说，但是，在我这里事情是显而易见的，如果我仍然继续阅读这些小说，我将永远都无法完成计划中的其他事情。"

至于那些每天都要花费我们宝贵时间的行为，如等待某人的电话，等候公车进站，坐在理发店排队，难道我们不能好好利用起这些时间吗，只能干巴巴地等待？

有的人在这方面就做得非常好。"万事通"专家约翰·切尔纳是出了名的地铁乘客，非常精于利用乘坐地铁的空当。看到这位先生在地铁里专心致志地阅读济慈的诗集，或是一篇关于鸟类生态环境的论文可不是什么新鲜事情。

已故的赫尔兰·F.斯诺先生是美国最高法院的首席法官，有一次他在演讲中说："其实，在这个世界上的许多事情，只需要15分钟就足够完成了，但是人们往往会忽视掉这15分钟的作用，从而将它完全浪费掉。"

熟悉塞尔德·罗斯福总统的人都知道，这位总统有一个很好的习惯，就是在他的桌子上总是要放着一本书。总统会在两个约会间隔的两三分钟的空当中，坐下来阅读这些书籍。总统的小儿子曾经这样描述这位好学的总统："我父亲的卧室里总是放着一本诗集，他总是能够在穿衣服的时间背下一首诗。"

那些每天把"我没有时间"当作借口的人们，难道你比总统还要繁忙吗？日理万机的总统都要积极寻找看书的时间，为什么你就做不到呢？

而我所写的这本书，大部分内容都是在孩子午睡的两个小时完成的。关于这本书资料的搜集，则是在美容院的吹风机下做完的。另外，我还发现，在化妆台上放一本书，就能够在每天必须的洁面和护肤期间，进行一次有趣的阅读体验。

列一个时间记录表，你就能轻易地获悉我们的时间究竟浪费在了哪里，好好利用这段时间吧，你不是一直想要学习一种外语吗？你不是一直希望能培养一种爱好吗？画画、音乐、写作？不要用没有时间当作借口，向那些有大作为的人士学习，学习他们是怎样运用时间的，合理运用那些在繁忙的预定计划表里的空当。

作者法兰克·吉尔布雷思在他的作品《一打比较便宜》一书中描述的是他们一家的故事。作者是一位动力科学研究的先驱，他和他的妻子莱莉安都是这方面的专家。他们两个一同把节省时间和劳力的方法带进了商业界和工厂，同时也带入了家庭管理方式的理念。这对夫妇一共养育了 12 个孩子，他们从小就给孩子们灌输这样一种思想：时间是天赐的礼物，必须使自己的时间得到高效率地利用。孩子们在早上刷牙准备上学时，甚至可以在他们父亲放在浴室的大字报上学到很多新词。

同样将这种高效率的方法用到了家庭管理上的还有萨尔瓦多·S. 盖塞提夫妇。盖塞提太太也是先生工作上的助理，这位太太除了要照料家事，照顾他们的三个孩子之外，还要做丈夫的秘书、记账员、人事经理以及研究助理。与此同时，还要去参加地方社团与家长教师联谊会的工作。这里有一封这位太太写给我的信：

> 我的生活理念，是清除掉我们身旁的杂草，如此，我们才能每天欣赏到美丽的花朵。
>
> 我们有三个调皮且精力充沛的小孩，有一间等待打理的大房子和花园，必要的时候我还得去参加社团的活动，做我丈夫的秘书，在家履行文化、宗教与社会的职责，我感到必

须拥有所有的时间的两倍来做这些工作。

我在收拾屋子或是在为孩子们热奶瓶时，曾经想到很多提高效率的办法。我们共同出游时，也会和孩子们一起做许多有益于孩子成长的活动。我们全家都提倡，尽可能在最短的时间内，做完基本要做的工作，然后，我们便能够拥有更多的空闲来做我们所喜欢的事情。

当然我们并不是死板地将生活变成例行公事，我们的工作进度也是很有弹性的。有时候我们会把所有的计划都抛到窗外，大家一起去专心致志地做一件特殊的事情，或是实施某个计划。

我们共同工作、共同生活，共同分享彼此的看法，这样不但扩展了视野，还使得我们的生活更加充实，充满了欢乐。

盖塞提夫妇具备了获得成功的应有态度，他们懂得协调工作以及生活。就像罗斯福夫人一样，他们从来不会把时间浪费掉。

或许你也有过这样的困惑，那些一直忙碌、事情做得最多的人，为什么看起来总是比一般人拥有更多的时间。是谁在推动本地红十字会主席团的工作，是谁在担负着家长联谊会的工作？又是谁答应了为教会的义卖会推销入场券？她们当然不可能是那些没有孩子的、有两名以上的女佣、喜欢在床上享用早餐、每天午后还要打一场桥牌的已婚妇女。她们是那些每天需要照顾三四个小孩，以及一名辛勤工作的丈夫的女士们，是她们在做着上面提到的那些工作。她们不但要做好自己的本职工作，还要在星期天去参与唱诗班的事务。

这些妻子们是如何在有限的时间内完成如此多的工作

的？其实，这都是因为她们能够恰到好处地安排自己的时间和家务，重视她们所拥有的 24 个小时。浪费时间比浪费金钱还要可悲，金钱失去了我们还可以赚回来，时间一旦失去了，我们就永远也找不回来了。

下面这些方法，能够帮助你充分利用好宝贵的 24 个小时。

NO.1　认真记录每天分配时间的情况

这个工作至少要持续一个星期，然后才能从中观察到自己的时间究竟浪费在了哪里。

NO.2　做一个日程时间规划表

如果发生了意外的事件，你可能要随时变更这个计划。但是这个工作计划表是具备原则性的，所以更改的理由也应当是恰当的。

NO.3　关注细节，发现省时省力的做事方式

预先列出一个星期的菜单，不仅能够节省去杂货铺的时间，还能为你家庭的营养提供出令人满意的菜单。

NO.4　充分利用每天"浪费掉的时间"

为那些浪费掉了的时间做出一个合理的规划。去做那些你一直没有时间做的、有价值的事情。

NO.5　学会利用有限的时间做两倍的事情

就像盖塞提太太一样，在你热牛奶时，可以思考一下丈夫的研究计划；烤肉的时候，可以顺便处理一下难度较低，却比较花费时间

的文件；与孩子们游玩时，不妨做一个益智的游戏。你的 24 个小时，就能够因此变成 48 个小时。

NO.6 充分利用信息和工具

只要我们利用好各种工具，很多事情就不需要我们亲自跑腿去做了。商品广告、调查报告或是商店的邮购小册子，都可以为你省下大把的时间。花费整整一个下午的时间，买回用电话订购或是邮购就能买到的东西，是对时间的最大浪费。

NO.7 轻松掌握购物的诀窍

聪明的购物方式也能为你省下许多时间。了解商品的价值，利用特价促销。购物也是一门含有技术性的学问，需要主妇们多加研究。

NO.8 在工作的时间内，尽量避免被打扰

面对突如其来的电话或是门铃声，你可以学着暂时不加理会，很快你的朋友们就会知道，在某个固定的时间范围内你不方便接电话。她们也会因为你讲究效率而更加尊敬你。

亚尔诺德·贝尼特在他所著的《如何利用一天中的 24 小时》中写道："每一天，都是上帝赐予的奇迹……在你早晨一睁开眼的时候，奇迹就发生了，你的生命中立刻拥有了还没有使用的 24 个小时，这 24 个小时是你最宝贵的财富。在我们之中，谁能够充分利用这每天的 24 个小时来生活呢？我说的是'生活'，而不是'生存'或是'混日子'。我们当中，有谁在一生中没有对自己说过'如果我的时间再充足一些，我一定能够做得更好'。我们永远也得不到更多的时间，但是我们早就拥有了已经存在的 24 个小时。事实上，我们只是学会了如何更好地运用时间。"

6

第6章
为他解决后顾之忧

事业对男人而言是非常重要，作为太太要尽自己所能去帮助丈夫实现他的梦想，为他营造出一个温馨的家，做他事业的助推器。但是我们也要从一些细小的方面去帮助丈夫，比如做一名理财高手，让丈夫辛苦赚来的钱都得到合理使用；关注丈夫的身体，使他保持一个强健的体魄；做一个适应能力极强的妻子，以解除丈夫的后顾之忧。

理财高手

对于金钱，每个人都持有不同的态度，在书本中以及戏院里，我们更是看到了各种各样被放大了的金钱观念，那些视金钱如粪土的乐天派们带给我们一系列的笑料。在舞台上，当大卫·科波菲尔德想让自己的新婚妻子朵拉，按照丈夫的收入来计划他们的花销时，这位美丽的妻子噘起了小嘴以示不满，可爱动人的模样让人不忍责备她。在另外一部作品《与父亲一起生活》中，有一段关于母亲的描写：母亲总是把家庭每个月的预算搞得一团乱，但是父亲却总是对此表现出良好的气度，这样的父亲真是令人敬佩。而英国文学家狄更斯笔下，那个浪费成性的麦考伯先生，在文学史上也是一个十分讨人喜欢的角色，他是《块肉余生》里的角色。

在小说中或是舞台上，人物的性格都是迷人且不负责任的。为什么要这样说呢？因为小说中的人物从来不需要为金钱发愁。不管是行侠仗义的英雄，还是四处滋事的土匪流氓，角色本身都不需要为金钱发愁。但是，现实生活却是残酷，没有什么失误会比财务上的失误所招致的后果更为严重。在现实生活中，不合理的财务计划并不是引人发笑的笑料。开销的不合理或是入不敷出总会使最后的承担者十分苦闷和慌张。生活中，不会做开销计划的朵拉一点都不迷人，别人会认为大卫是一个没有脑子的人，把这么危险的妻子娶进门。爱慕虚荣的太太们都不会是迷人的妻子，她们早已成为丈夫肩膀上的一个重负。这个时候，先生们绝对表现不出良好的气度，他们自己也不会像麦考伯那样奢靡成性。

细心的太太们会发现，比起十年前或者是五年前，一美元现在所能够买的东西简直是少得可怜。东西变贵了，孩子的教育经费也愈加高昂，主妇们面对着一项挑战，她们必须非常仔细地分配丈夫的收入，才不致使全家的生活陷入困境。

当然，有人会天真地认为只要收入增加了，问题就能够解决，那么所有的烦恼也将不复存在。这种想法是错误的。经济学家早已给出了证明，情况并不容乐观。埃尔森·斯泰普莱敦曾经担任吉姆贝尔和华纳莫克百货公司的财务顾问，这位专家是这样说的："对于大部分人来说，增加收入只意味着开销也要与之成正比地增加。"

加拿大的蒙特利尔银行也告诫人们，必须掌握有效的理财手段。也许在当下他们还没有这样的需要，但是也许在未来的某一天，他们会遇到处理一大笔收入的机会，谁都说不准明天谁会中大奖。

在我为编写此书而收集资料的时候，无意间看到一本非同寻常的好书。这本书是论述家庭关系的，作者是一位知名的心理学专家。我非常同意他在书中的大部分观点，并且认为他的见解十分独到精辟。但是，他好像有一个致命的弱点：不善于理财，对于家庭预算一窍不通。因为他在讨论家庭收入的时候是这样写的："处理家庭收入是一门简单的问题，钱充裕的时候就多花一点，钱少的时候就少花一点。"

尽管他的整本书中提出了许多非常有价值的观点，但是他对于家庭收入方面的见解我还是不敢苟同，并且认为他的理论十分不可取。虽然他像小说中的大部分角色那样，对待金钱有一种洒脱的态度，但这在现实生活中并不是迷人的。我想如果你和我一样是一位冷静的太太，就会发现处理金钱远不是那样的轻松，更是草率不得的。

这位心理学家在处理金钱上抱着一种毫无计划的、散漫的态度。毫无节制的开销，意味着所有的人都可以分享你们的金钱，这些人包括小商贩、面包商以及烛台制作商，你丈夫以及你的收入要被一大群人分享。这些人的不劳而获完全是由于你的不善管理所造成的。

每个人都要将自己的收入做一个合理的开销预算，这能够保证你以及你的家人从你们的收入中得到公平的分配。

做预算并不是小气的行为，预算更不是约束生活的紧身衣，当然做预算也没有必要事无巨细，把每一分钱的去向都写个明白。预算只是一张蓝图，是经过仔细审视过的计划，它是用来使家庭收入分配得更加合理的，让它们能够发挥出最大的作用。正确的预算，会帮助你达成家庭目标，满足家庭成员的梦想，协调你们的利益。你的口红、丈夫的西装、孩子的教育费用、你们的暑期旅行，在经过预算之后，每一个家庭成员都能得到他们想要的。

正确而合理的预算计划，将会告诉你怎样删减掉那些暂时不必要的、或是不重要的花销，告诉你如何去填补那些你们需要的开销。

让丈夫的每一分收入都用在正确的地方，这是作为一个好妻子必须要做的事情。如果你已经是一位太太，仍然没有学会如何做预算计划，那么你就得抓紧学习了。丈夫们如果只知道赚钱而不懂得如何节约，你就必须帮他管好钱包。如果你的丈夫不仅会赚钱还是一个节俭的理财高手，你也不能只是坐在一旁悠闲地挑选护肤品，要适时对丈夫的理财观念表示认同，增强他的理财信心。

聪明的家庭主妇都是理财方面的高手，那么如何才能学会理财呢？现在有一个极其简单的方法：在你家附近的银行肯定都会有这方面的咨询服务，这些专业人士也许会为你提供一个不错的理财建议。这样专业的服务是免费的，太太大可以放弃一次逛街的机会去进行一次这样的咨询。

一些杂志上也会有这方面的内容，像在《妇女时代》杂志上，就有很多有关家庭理财方面的知识。在这本杂志上你能学到如何处理旧衣服，如何烹饪有营养但是价格低廉的食物，如何添置家具。

你的家庭预算就如同你的面孔，是独一无二的，你不可能照搬或是抄袭他人的预算计划。要想使你的预算计划更有价值，你就必须亲自去制订一份适用于自己家庭实际情况的计划书。

如果你希望成为家庭的理财高手，那么以下几条建议拿来参考。

NO.1　了解家庭中的每一项开支

如果你不知道你们的收入都花在了什么地方，那么做预算就是一件很困难的事了。家庭理财，首先必须知道在什么地方能够省下钱来。所以，你必须记录一段时间内的所有开销，当然不能是一两天就停止，这个时间段至少要12周以上。

亚尔诺德·白尼特、约翰·D.洛克菲勒和我都是记账方面的专家。虽然我通常是以支票的方式进行消费，但是我仍会把自己一天的花费清清楚楚地记录下来。年终的时候，我就把这些账单上记录的花费核算统计下来。因此，我可以清楚地跟大家说明我们这一年中的食物方面的花费，我们车子的燃料费以及我们的水电费、娱乐费用等。另外，我还可以利用这些记录，观察家中生活收入的增减情况。一般说来，一旦你已经了解到自己收入都用在了什么地方，就可以不必做这些记录了。从我个人的情况来说，我比较喜欢做记录，拥有了这些资料，当我怀疑自己在某些方面超支的话，比如买衣服，我只需要查看一下记录就可以知道了。

有一位太太在做了记账工作后，发现她们每个月居然要花掉70美元用于买酒。他们夫妇并不是酗酒之人，可见这70美元的酒钱都是用在了宴请朋友上，原来这对夫妻热情好客，经常会请朋友们到家中聚会，酒钱当然是避免不了的。很快，他们便做出了一个决定，将他们家的"免费酒吧"摘牌歇业，于是，那70美元就有了更好的去处。

NO.2　根据家庭需要，制订出开支预算计划

首先，你要做的就是列出家中一年的固定花销，包括房租、食物预算、保险金、教育费用等。接着你要列出其他的必要开支，比如买衣服的钱、交通费、医药费、交际费等。每个家庭的实际情况都不相同，因此，你必须谨慎考虑，避免遗漏，同时应尽量将费用估算准确。这件事情是非常烦琐的一个过程，因此需要主妇们必须具备极大的耐心。

计划被拟好之后，便成为一份决心的表现，要想收到效果，就必须认真地执行，这也需要每位家庭成员的配合。你可能暂时无法购买所有你需要的东西，但是你一定能在这些东西中做出一定的规划，什么东西是最重要的，什么东西可以暂时不置办。你愿意放弃一件昂贵的礼服而去购买一套沙发，将你们的家布置得更加舒适吗？你会为一台电视机而放弃一些服饰吗？显然这需要你以及所有家庭成员的配合与协调。

NO.3　至少把年收入的10%储存起来

理财专家们建议各位太太们，最好把丈夫收入的10%积蓄起来，或者拿去做一些风险比较小的投资活动。虽然我们无法阻止物价的上涨，但是不出几年，你们的生活就会有一些宽裕的空间了。

储蓄这项工作必须要坚决遵守，这对于奢侈的人而言是比较困难的，但是你不得不放下一些面子工程，为了你们的家庭能有更好的出路，储蓄或是投资都是不错的理财选择。有可能的话，你还可以想办法预留下一笔额外的资金用于特殊用途，比如买房子、买汽车等。

有一位丈夫是一个既保守又顽固的老式英格兰人，这位先生哪怕

是穷得在中央车站广场脱光衣服，也不愿意放弃他们家每月储蓄收入的 10% 的计划。

"经济萧条的那几年，由于丈夫的收入骤减，我们全家人的生活陷入困境之中，"他的太太说，"但是我的丈夫却没有放弃储蓄计划，我必须想尽办法节省每一分钱，否则我们的日用品都没有办法获取。我的先生为了省钱，每天必须放弃坐车而步行二十几条街道去工作场所。"

一直以来，他们的储蓄计划从没有间断过，这位太太偶尔也会抱怨，尤其是在他们急需用钱的时候，太太会后悔将钱存进了银行。但是，如今这位太太却很感激丈夫能够把这一计划坚持下来，因为他们已经享受到了这部分储蓄带来的好处，人到中年的他们拥有了自己的住房以及舒适的生活。

NO.4　保证在意外出现时，你们能够拿出资金来应对

大部分的理财专家都会建议客户，先存好一到三个月的家庭收入，然后再做其他的打算，把这部分资金作为应对意外事件的储备。

同时，关于储蓄专家们也给出了一些建议，很多家庭无法做到储蓄，因为总是有许多意外的开销，这样的话，想存下钱是很不容易的事。与其断断续续、隔几周才能存上十几美元，不如每周固定地存上两美元，效果会更好。

NO.5　动员家中的每一个成员都参与到家庭预算中来

专业的理财专家认为，一份完美的家庭预算，必须有整个家庭的参与配合才能完成。主妇们不妨经常性地开办一些家庭会议，讨论预算上的事项，由此达到家庭意志的统一。每个人都有自己的需要，他们对金钱的态度也不尽相同。受教育的程度，个人经验，都让成员们

在家庭预算方面有自己独特的见解。坐下来一同参与这件事情，既保证了家庭和谐，又能够均衡需要，使预算达到尽善尽美。

NO.6 考虑人寿保险的问题

玛里昂·史蒂芬思·艾巴莉女士是人寿保险协会的主任，她的话也可以作为人寿保险专家的见解来看具有一定的权威性。我在向这位女士进行咨询时，她坦率地跟我说，作为妻子，有一些问题是必须提前考虑到的。我将她所说的问题一一列举出来如下所示。

你知道你所参与的人寿保险，能够给你带来哪些福利和服务吗？你知道一次性付款和分期付款有什么不同之处吗？你知道现代的人寿保险具有双重目的吗？假如一个男人早逝，那么人寿保险便能够保护整个家庭的利益，如果他可以享受天年，那么人寿保险就可以给他提供独立的资金以安然度过晚年。

这些问题，对于主妇们来说也是必须了解的，只有你的丈夫了解这些问题远远不够，你也应该了解这些问题的答案。也许，有一天不幸会突然降临到你的家庭当中，你可能会失去丈夫，在我寄去哀思的同时，我也希望你的家庭能够安然度过这个意外的灾祸。而这些关于人寿保险的知识，也许能够帮助你排除困难和忧患。有时间的话，不妨认真了解一下《人寿保险须知》这本小册子，它可以帮助你解决预算中关于人寿保险方面的问题。

加德森和玛丽·南狄斯在他们合作完成的作品《如何建立美满婚姻》中表示，对于家庭收入，我们必须引起充分的重视，家庭收入的花费是婚姻生活中必须调节和适应的地方。

金钱不是万能的，但是为什么我们不能合理地处理这些金钱呢？这样我们就能轻松一些，也能给我们的家庭带来更多的幸福和宁静。

不劳而获是不被上帝允许的，我们也不要幻想丈夫每个月拿回两个月的薪水，做这样的美梦，只会浪费你的时间，加速你青春的流逝。我们唯一能够做到的，就是努力成为一名理财高手，当然这并不是要你每天做一些事业上的投资，或是经营股票。我们只需要做好家庭理财，免去丈夫的后顾之忧，处理和规划好辛辛苦苦赚回来的每一分钱。

保障健康合理的饮食

你想知道一个妻子是如何谋杀自己的丈夫，并且不留下丝毫痕迹吗？这种方法其实很简单，你只要不间断地给他吃一些带馅的、油腻的、且富含淀粉的食物就足够了，这样他的体重就可以轻松超过标准的 15%～20%。然后你就可以坐下来当一个迷人的寡妇了，并且用不了多久就能达成这一愿望了。

据研究表明，男士在 50 岁左右最容易死亡，这样的死亡概率比同年龄阶层的女士要高出 70%～80%。更有专家指出，这种对于男人的高死亡率，相当一大部分原因都是妻子们造成的。

在《人生生活》杂志上有一篇名为《停止谋杀你的丈夫》的文章，它的作者是路易斯·艾·杜布林博士。文章中指出："40 年来，我一直任职于一家人寿保险公司，我做的是统计工作，多年以来，我发现许多男士在保险的年限还没到时，就已经过世了。我不得不说，如果他们的妻子能够细心一点去照料他们的话，也许这些男士就不会这样早逝。甚至有的能够活着拿到保险公司给他们颐养天年的资金。"

杜布林博士之所以得出这种结论，是因为他曾经研究过超重和死亡率之间的关系。在这个问题上，他是全国少数几个权威性的人物之一。

说到这个问题，我们还不得不提到赫尔波特·波拉克医生，目前他担任纽约市西奈山医院新陈代谢疾病科的一名医师。他在《现代妇女》杂志上，发表了一篇名为《丈夫们为什么死得早》的文章，波拉克医生说道："你肯定想要照顾好丈夫的身体，并且延长他的寿命，现在你已经掌握了这种能力。"

假如你的丈夫在你的精心照料下已经超重的话，那么，在饥饿状态中的男士无疑要幸运得多，因为他们的寿命通常会比超重的男士长一些。最近在俄亥俄州克利夫兰召开的一次医学大会上，《减肥与保持身材》的作者诺曼·乔利非博士，把肥胖称为"美国公共卫生中一个最大的问题"。

在美国圣路易召开的一次科学促进协会的会议上，一位来自克莱顿大学的医生说："尽管战争总是带给我们许多悲剧，但是死于餐桌上的人，却比死于枪炮下的人要多得多。"

这么多专业人士都对超重与死亡的关系进行了研究，而且他们的观点总是惊人的一致，虽然研究的结果，把矛头指向了包括我在内的所有的妻子们，但是我仍然认为他们的研究是有一定道理的。不可否认的是，太太们的确要为丈夫们日益增加的腰围承担一定的责任。男士们日常食用的食品，便是诸位太太们摆在餐桌上的食物，往往太太们煮的饭菜越是可口，丈夫们的腰围就越大。当我们端出那些精心准备的甜点时，如果丈夫们表示不感兴趣，那么年轻的妻子就会感到非常的失望和难过，所以丈夫们为了妻子高兴就很难拒绝少吃一点。还记得亚当是如何辩解的吗？"这个女人诱惑了我，所以我只能选择吃下。"这个女人指的就是夏娃。

按照常理而言，人的年龄越大，运动量就会越少，所需的食物量也应该相应地减少。但是事实却不是这样，尤其是对于男士们来说，他们的食量反而增大了。食量增大，男人们就很容易超重。作为一位好妻子，尤其是重视丈夫身体健康的妻子，应该格外注重丈夫的饮食调节，时刻关注丈夫的体重变化，让丈夫养成良好的饮食习惯。如何才能做到呢？三餐尽量吃一些低热量、高能量的食物。如果你不是很了解食物的卡路里，你可以去咨询一些专业医师。医生们会十分准确地告诉你，怎样安排饮食才能使丈夫既保持体力又避免体重超标。

F·由吉尼亚·怀特海德博士是面粉协会的营养学专家。她提出对主妇们减肥最好的方法，就是不要吃太多油脂的食物，一日三餐要照着体力消耗的情况适当地摄取食物。同时这位博士还提醒大家，一天所需的食物应该是富含动物性和植物性蛋白质的食物。

当你们在用餐时，还有一点必须注意，就是营造良好的就餐环境，不要让丈夫在紧张的情绪中用餐。例如，你应该提早起来准备好早餐，并唤醒你的丈夫，让他悠闲地坐在餐桌前吃早餐，而不是早起之后一手夹着公文包、一手拿着三明治，在去公司的路上吃完早餐。大多数丈夫们都会经历这样的情况——早晨的百米冲刺。巴尔的摩精神学院的神经科主任说："早餐时狼吞虎咽，冲出门去追赶 7 点 50 分那趟公车，持续工作到 12 点，再随便吃一份快餐，或者是一边和同事开会一边吃着午餐。这样的事情对于现代人来说简直是太普遍了。"这位主任建议，妻子们应该提前起床准备好早餐，至少要让丈夫不慌不忙地吃完早餐再出门。

我认识的一位女士克拉克·布里森夫人就是按照这位主任的要求来做的，结果令人很满意。布里森先生在纽约一家古老的房地产公司担任财务总监和副总经理的职位。这位先生每一天的工作都很繁忙，而且回到家也要继续办公。但是布里森先生白天已经很疲倦了，到了晚上根本无法集中精力继续工作。这时候布里森夫人就会劝丈夫晚上早上床一个小时，然后早上早起一个小时继续工作。这对夫妇认为这样的安排比较合理，他们每天都如此坚持，即使有的时候布里森先生在第二天并不需要处理文件。

"我们很享受每天早晨早起的那段时光，"布里森太太说，"我们先是共同吃一顿不慌不忙的早餐，没有任何匆忙或慌张的情绪，然后我先生就会去处理昨天晚上没有完成的工作。在这段时间里，没有电话声或者门铃声打扰到他，空闲的时候他就会去看看书、放松一下心情，或者做一些家务事，有时候干脆就去画画。我们偶尔也会到公园里，享受一下清晨的空气。"

"由于这样早起了一个小时，使我们每天早晨的时光都过得十分安宁和舒适。我和先生都觉得，不管这一天将会发生什么事情，我们都可以处理得很好。当然对于那些晚睡的人，在每天早上不得不进行百米冲刺的人来说，这个办法是行不通的。"

如果你的先生也像布里森先生那样，需要每天工作到很晚，那么就不妨尝试一下布里森夫妇的方法，也许这种早起一小时的计划，也能够带给你意想不到的效果。你不但不会感到紧张，还能拥有一个健康而标准的身体。

如果你还是感到很烦恼，不妨采取以下几点建议。

NO.1 找一张体重与寿命关系的参考表，仔细检查一下体重指标

一般保险的公司都会提供这种表格。如果丈夫的体重超标了，那么你就需要立即请医生开一张具有针对性的饮食表，把调整丈夫的体重作为当下的重点。

千万记住，丈夫的体重和你自己的体重一样重要，请把关注自己身材的注意力，转移一部分到丈夫的身上。但是，一定要有针对性地控制丈夫的体型，而不是像有些人那样胡乱制定减肥方法，更不要随便服用一些广告热销的减肥产品，即使他们的广告做得非常诱人！另外，当你心中已经制订好了一个减肥计划时，一定要去征询下医生的意见，并且在医生的指导下操作。有时候医生会为你制定一份不错的

食谱，为了使这份食谱发挥更大的效力，你也应该尽力把菜做得可口。

预防大于治疗。因此，关注丈夫的身体健康，还体现在每年都坚持陪丈夫接受内科、牙科以及眼科等方面的健康检查。许多疾病，例如心脏病、糖尿病、癌症等这些疾病，如果能及早被发现，无疑增加治愈的成功率。一份来自美国糖尿病协会的报告指出，美国的糖尿病患者至少有300万人，不幸的是，这其中大概还有1/3的人不知道自己正患有这种疾病。

现如今，人们越来越注重自身之外的事物，他们可以把自己的汽车保养得一尘不染，却永远也没有耐心走进医院做一次全身检查。如此不重视自己的身体，是多么可悲的事。因此，作为一名优秀的妻子，一定要以照看好丈夫的身体。同时还要注意不要让丈夫过于操劳，尽管事业是男人成功的一大标志，但是过度的操劳也容易使他们迈向死亡，无法享受到人生其他美妙的事情。假如升职会给丈夫带来无尽的压力，甚至威胁到了丈夫的安危，那么放弃也未尝不是一个好的选择。

"现代美国人的生活越来越紧张，让人失去喘息的时间。现代人在晚上安然熟睡，已经是一件非常困难的事情了。可以说，现在这一代的美国人是历史上最神经质的一代。"

时代带来的压力太大，这并不是一个好的趋势。妻子的想法有时候能够影响到丈夫对自身的要求，丈夫一般会根据妻子的期望，来制订自己的发展计划和目标。如果赚大钱必须以早亡作为代价，妻子们当然要制止丈夫这可怕的自杀式行为。假如丈夫的野心太大，你也不妨适当地劝说。鼓励他学会知足常乐，学会享受更加美好的生活。

NO.2　充沛的精力需要充足的休息

充足的休息是抵抗疲劳、保持体力的最佳方式。军队行军过程中，每行军一个小时，将领们都要强迫士兵们休息十分钟，这样的做法就是基于这个道理。

假如你的丈夫能够做到每天在家吃午餐，并能够进行午睡，或是在晚餐后能够出去散一会步，这样的生活方式势必会延长他的寿命。短暂的放松会带来意想不到的效果，这种美好的效果是任何升职加薪都不能相提并论的。索默西·莫姆是一位小说家，作家的生活都很不规律，熬夜写作是常有的事。因此作家的寿命也相对短一些，但是这位先生却并非如此不幸，他在 70 多岁时依然保持了充沛的精力。丘吉尔首相在午餐后总要休息一两个小时；朱力安·戴特蒙以 80 岁的高龄，依然活跃在纽约塔里顿的一家苗圃里，这与他每天都要睡一个长长的午觉大有关系。而我们的戴特蒙先生也说："午睡让我的生活像小提琴曲一样和谐。"

NO.3 快乐的家庭生活

一个良好的家庭氛围对丈夫的身体能够产生巨大的影响。如果家里面有一个唠叨不断的妻子，不仅会阻碍丈夫的事业发展，还会威胁到他的身体健康。因为太太的唠叨往往会让丈夫的情绪低落，无法集中精力投入到工作中去，也容易让丈夫的性情变得郁郁寡欢，或者变得异常暴躁。当他内心的压抑积瓒到一定程度时，一丁点的小事就可能引起他情绪的完全失控。无法专注的他也很可能会遇到车祸之类的意外，可能在路上和别人发生冲突，和同事们引起摩擦。如果他是一名体力劳动者，他还有可能通过暴饮暴食来宣泄自己的苦恼。"当你急切地想从紧张的情绪里解脱出来时，通常的做法就是大吃一顿。"

关注丈夫的身体状况是每一位妻子的责任。我们生活的意义及目的，就是要认真地享受生活，婚姻也是如此。为了使我们的婚姻生活更加幸福，夫妻双方必须保持健康的体魄。当你们携手走进婚姻殿堂的那一刻，主题曲就已经换成了"我的身体你来负责"。

不要做一个"爱哭的孩子"

我常常听到一些男士这样抱怨自己的妻子，说她们总是不愿意离开自己已经熟悉了的环境，所以总是想把丈夫们束缚在固定的地方生活和工作，如果男人们在事业上发生了调动，妻子们是非常不情愿的。这样的妻子还得到一个绰号是——"爱哭的孩子"，这是佛恩·L.艾略特为这些妻子们起的绰号。他在费城大西洋精炼公司担任总经理，这位已婚且事业有成的男士把"爱哭的孩子"看成是男人事业成功的绊脚石。

还有一位经理向我说起他们公司里的一位职员，这位职员年轻有为，公司为此给他安排了一次晋升的机会，但是必须调往外地的分公司。最终这位职员却放弃了这次晋升的机会，而选择放弃的原因，则完全是因为他年轻的妻子不愿意离开她生活了多年的城市、父母、朋友，以及她美丽的客厅。

其实我们也能够谅解这些"爱哭的孩子"的心情，毕竟在一个环境生活久了，搬到一个陌生且毫不了解的环境中，是有一定困难的。这样的搬家如果想要成功，就必须具备良好的婚姻根基。1940年左右，人们居无定所，许多年轻的妻子都无法适应动荡的生活，她们必须不断地从一个军营迁往另一个军营，她们缺乏适应动荡环境的能力，以及在这种环境中维持婚姻的能力，因此很多对夫妇的婚姻关系都在此期间结束了。

如果女士们有很强的适应能力，那对她们而言这样的搬迁就没有什么问题了，她们能够妥善处理在新的环境下，自己以及家庭成员的生活。在这方面有很多优秀的妻子都是值得称赞的，比如弗吉尼亚州的诺福克市的累伦德·克西纳太太，就是一位在这方面做得很好的太太。克西纳太太曾经这样写道："两年前，我的丈夫应征到海军服役，我们不得不离开刚刚布置好的、温馨而舒适的家，带着我们的小儿子跟随丈夫四处奔走。这样的事情对我来说实在令人难以承受。我似乎看见我们未来的两年将会过得十分糟糕、毫无乐趣且会留下空白。当我们迁到丈夫的第一个驻地的时候，我感到对未来更加灰心了。"这位太太在文章的开头这样写道。看到这里我仿佛看见了一个眼含泪珠的小孩。

克西纳太太接着写道："但是，现在我们已经搬了好几次家了，现在的我会为当初孩子气的想法而感到脸红。那时候的我太过娇生惯养。现在，我的先生已经退役了，我们也能够享受到长期安定的生活了，这是我们一直的期望，我们怀着激动的心情迎接着这种安定的生活。但是在我即将告别这样不断迁居的生活方式时，心中还是会有一些留恋。在过去的两年中，我们的生活并没有像最初预想的那样不愉快，反而会让我感到很快乐，因为我在那段日子里学会了与不同类型的人交流，学会了忍耐以及克制。我懂得了尊重那些与我想法不一致的人。当我们期盼的事情并没有如期而至时，我就要学会放手和忽视它们。最重要的一件事是，这两年的经历使我明白了一件事，那就是一大堆的器具和用品并不能建立起一个温暖的家。家庭成员有意识地用爱心和谅解，来温暖这些器具以及用品才是最主要的，这才能称之为家。"

如果你即将面临迁离熟悉的环境的情况，如果你不愿意做一个"哭泣的孩子"，那么可以采取以下几点建议。

NO.1　不要期望新环境和旧环境一致

环境与人一样，都无法做到完全相同。工作也是如此，如果丈夫在新公司的地位并没有原来那么高，你也不必为此而泄气。因为新的工作岗位往往能够为他带来更多的发展机会。环境也是如此，在新的环境中，也许你对一切还很不熟悉，但是有一点是毋庸置疑的，那就是新的环境意味着新的活力和生机。

NO.2　尽快融入到新的环境中

尽你所能去适应新的环境吧，这既是考量你的勇气的时候，也可能能给你带来一份意外的惊喜。

有一年的夏天，我要到怀俄明州立大学去授课。由于时间仓促，我们一时无法找到适合的居所，所以只能搬进当时专门为退伍军人结婚准备的房子。房子很简陋，说实话，我也能感觉到桃乐丝对这幢房子没有一点儿兴趣。

但是，后来桃乐丝告诉我，在这幢房子居住的经历竟然成为她一生中最为丰富多彩的经历。那座房子，非常容易打理，而且我们跟邻居的相处也很融洽。那些男人们和他们的妻子一起去上课，共同抚育自己的孩子，他们的生活并不富裕，但是却能使自己的生活用品发挥到最大效力。没过多久，桃乐丝就为了刚来时的想法感到难为情。

同样在那一年的夏天，我结交到了许多不错的人，这也使我明白一个道理：成功和幸福，与人们的生活质量并没有直接的联系，只要生活过得去就可以了。

NO.3　多一些宽容和耐心

有一位太太和她的丈夫一起移居到一个小工业城居住。这次的搬迁是基于一次男士期望已久的升职机会。但是这位太太只在新城市待了不到 24 小时，就气急败坏地将所有的东西连同她自己一起打包回家了。她丈夫全部的薪水也只够多请一位女佣，因为无人照料生活，丈夫只能申请调回原来的工作地点。这位"爱哭的孩子"便是因为不愿意适应丈夫的新环境，从而迫使丈夫不得不放弃了期待已久的升迁机会。

NO.4　尽量把握住每一次新机会

假如你搬到了新的环境，就必须马上行动起来。你要下功夫去结交新邻居，到教堂去做礼拜，或者是参加一个附近的俱乐部，以及当地的各种民众组织。如果你能和周围人打成一片，那就说明你已经适应了新的环境。

与其浪费时间去抱怨你的新环境、怀念过去的舒适，还不如立刻设法改变自己，尽快融入到新的环境中去。在这世界上从来就没有什么十全十美的事情。

瓦森特先生是卡特尔石油公司的地球物理专家。这位先生的工作性质，意味着他不可能有固定的工作地点。因此，瓦森特夫妇几乎在世界的各个角落都生活过。他们和四个孩子一起，曾在世界上最荒凉的地方生活，但是家中的每一个成员都没有怨言，他们的生活过得舒服而快乐。他们一家是我见过的最幸福的家庭了。

这位太太告诉我，家庭是心灵和精神的休憩之所。"当我的先生又接到新的调职命令时，我就会马上收拾好行装，准备出发。我们能够在这个世界上的任何角落学习、享受和成长，只要你能够用心去寻找。幸运的是，我们全家在这一点上拥有共识。"

"当我们迁居到巴哈马群岛时，得知在当地有一位著名的潜水冠军教授潜水课。我想这对于我们家的'美人鱼'苏西来说是一个绝好的机会，她可以在这位专家的指导下与潜水亲密接触。果然如此，她的进步神速，并且还在一次比赛中得了大奖，如果当时我们没有来到这里，就遇不到这样的好机会了。"

瓦森特太太有一次听一位总经理提到，他们的公司需要选几名职员到外地服务，前提是他们的太太一定要适应那里的生活。其实，适应新环境的最好方法，就是在那个陌生的地区，尽可能多地利用一切机会去获取新知识，而不是一味地待在新家里，抱怨自己在原来的家中过得有多么惬意与舒心。

我们承认事业对男人来说很重要，我们也要尽自己所能帮助丈夫完成他的梦想，为他营造出一个温馨的家庭氛围，做他事业的助推器。但是我们也要从一些细节方面去帮助丈夫，做一个理财能手，让丈夫辛苦赚到的钱都得到合理的使用；关注丈夫的身体健康，让丈夫保持强健的体魄；做一名适应力极强的妻子，消除掉丈夫的后顾之忧。

7

第7章
充分发挥多角色的魅力

　　女人的一生需要扮演很多各种各样的角色。优秀的妻子总是身兼数职。她的每一个角色都关系到与她共同生活的这个男人一生的幸福。妻子是全家人的导师，她教会我们真诚，鼓舞和督促我们进步，帮助我们改进自身；妻子还要做丈夫的经纪人，让他随时能够受到欢迎，让他充分地施展才华，成为璀璨的明星；妻子也是丈夫的宣传大使，她帮助丈夫给别人留下良好的印象。

最好的家庭教师

婚姻生活对一个人的性格和习惯或多或少都会产生影响。有的人在婚姻中学会了责任,有的人在婚姻中学到了宽容,有的人在结婚后性格明显变好了,这样的情况并不在少数。造成这种结果的原因,可能是由于他们和真心相爱的人生活在一起,夫妻之间肯定会给彼此带来一些潜移默化的影响。

而一名优秀的妻子,就是一个家庭中最好的老师,她鼓励丈夫进步,给他最真诚的赞扬;她睿智地指出丈夫的缺点,潜移默化地改进丈夫的不足之处;她从来不对丈夫进行严苛的批评,所有的指导都如同春风化雨,如沐春风。

我曾经不止一次地说起我小时候的故事。小时候的我非常顽劣,是公认的坏小孩。父亲在我9岁的时候再婚。他是这样对继母描述我的:"亲爱的,你一定要注意这个世界上最坏的小孩,我实在是对他忍无可忍了!"

但是,继母却微笑着走到我的面前,托起头认真地看着我的眼睛,然后说道:"不,亲爱的,我敢跟你打赌,戴尔绝对不是世界上最坏的小孩,相反,他会是最具创造才华的孩子,他只是还没有找到地方来发泄他的热情。"你们一定可以想象到,继母的这番话对我产生了多么大的影响。我这个被全世界公认为最坏的孩子,即使没有成为世界上最有创造才华的人,到如今也拥有了一个不错的未来,我想别人也是这么认为的吧。而我对这位继母更是佩服不已,我认为她是我所见过的最棒的家庭教师。我们也发现，婚姻并不能把每个人都推向完美的状态，有的人在婚姻中变得懒惰而不思进取，有的人养成了一些不好的生活习惯。而让丈夫养成良好的生活和工作习惯，以及督促丈夫戒除不好的生活习惯，也是一位家庭教师应该做到的。

时刻关注丈夫在婚姻生活中产生的习惯，是每一个优秀的妻子应该做到的。必要时就要进行一定的引导和规劝。虽然我们无法从本质上改变丈夫的性格，却能够对他产生一定的影响，甚至可以改变他的一些行为。

当然，你只能改变他的某些行为，而无法彻底地改变他。那么，要如何才能做到呢？

首先，你必须确定你们的生活已经被丈夫的某些习惯危及到了，并尽力让丈夫知道，适当地改变对大家都有益处。之所以要改变它，是因为这个习惯很糟糕，而不仅仅是因为他喜欢穿牛仔裤，而你却非要他穿西装打领带。

也就是，你必须确定想要改变丈夫的要求是合情合理的，要确定你的观点是完全正确的之后，你可以采取以下几点建议。

NO.1　以身作则，成为他的榜样

如果你想要丈夫的心地变得好一些。就不妨将你友善待人、富有耐心和爱心的一面展示给他看，善待你的公婆和其他人，用这样的行为来影响他；如果你想丈夫保重自己的身体，就不妨先从自己的饮食开始注意，加强体育锻炼，保证充足的睡眠。让他知道，如果像你这样做就可以得到改变。

NO.2　不要轻易责备丈夫

如果你想达到改变的目的，就切勿说出"讨厌"之类的字眼。责

备只会让丈夫产生对立情绪，从而故意不照你说的做，这样不但不能达到改变的效果，反而还会使不良习惯得到强化。

NO.3　控制有时很有效

我们可以从事件上得到一定的经验，一些国家经常通过一些外交手段或战略上的措施使自己免受灾难的影响，简单地说，就是用控制的手段。具体怎样解释呢？就是让别人朝着你想要的方向去做，或是做有利于双方的事情，而使用一些小技巧。我们也可以用它来改变你的丈夫。

也许你想用事实证明他是错的，因为用事实说话显然更具力度。也许你是要跟他讲道理，但是，诸位朋友们，这种办法你曾经使用了，可是对他却没有任何效果。难道就这样束手无策了吗？难道就任由坏习惯继续在你丈夫的身体里生长吗？

那么，到底应该怎样做呢？控制不代表强硬的武力解决，或者无尽的口水战。

看看聪明的妻子是如何运用控制的方法吧。重点加强某个主题，要用充满爱意、建议的口吻对他说，直到最后取得成功。

你可以这么说："亲爱的，看啊，你的腿和牙齿是多么的完美，真是让我羡慕。但是如果你的体重能够减少 30 斤，我敢保证你就是最完美的了，没有人可以赶超我的丈夫，那些明星们也做不到。"

此外，你还可以这样说："我母亲常常对我说，我能够嫁给你真是最幸运的一件事，她非常喜欢你的为人，不过，你用不着经常去看望她，隔半年去一次就可以了。如果你能待到星期五上午，而不是星期四晚上回来那就更好了，因为那样我们就可以在她生日的那天带她出去吃饭，我敢保证，母亲一定会因此而乐开花的。"

当然，不掌握说话技巧的妻子就会这样平铺直叙地说："你总是

写给女人一生幸福的忠告

对我母亲很不好，一年也不去看他一次，你怎么这么自私，永远只考虑到自己？要知道她可是我的母亲！"对比这两种说法，哪一种会更有效果呢？

当劳累了一天的男人，拖着疲累的身体回到家时，一定希望有一位小可爱在门口等待着他，为他倒上一杯清爽的柠檬汁。当他面对着这样一位小可爱时，他还有什么不满意的呢？当然你的目的并不是想当小可爱，你只是为了使自己免遭责骂。

为什么不这样说呢？试想一下，当你的丈夫拖着疲惫不堪的身体回家时，却还要忍受你喋喋不休的责备，他怎么可能不与你开战？

记住，这个办法是非常有效的。

看到这里，你一定会感到很不可思议，或是对此不屑一顾。现在都是提倡男女平等的新时代了，为什么我还要这样忍让？我只能告诉诸位，尽管时代大不同了，有些事请却还是没有发生根本的改变，作为妻子，对待一个指责抱怨自己的男性，一定要坚持自己的原则，否则只会让丈夫更加厌恶。无论你和哪一位男性生活在一起，都必须要掌握控制的技巧。控制是有技巧的，也是有原则的。

最厉害的经纪人

著名的P.T.巴南称自己是"骗术大王"，他总是用奇思妙想和魔术式的做法迷惑人们的双眼。有一次，他向人们宣称自己有一匹奇特的马，这匹马绝对是独一无二的，因为他的头和尾巴是颠倒过来的。人们纷纷前来观看，想看看这匹马到底是什么样的，而巴南便趁机向好奇的人们收取了门票，每人交上了25美分才可以看到这匹神奇的马。其实，这匹所谓独一无二的马，只不过是一匹普通的马，这位"骗术大王"将马的尾巴绑在了马槽上，让马倒退着走进马厩，而人们只能大呼上当。还有一次，巴南宣称自己有一只"樱桃色的猫咪"，人们对这只"樱桃色的猫咪"产生了巨大的好奇，但是看过之后才发现，那不过是一只普通的黑猫，而巴南却解释说"樱桃也有黑色的"。人们就这样又被他愚弄了一把。

还有一个高超的艺人，他的"骗术"更为高明，他就是已故的福朗兹·齐格先生。他的"骗术"连噱头都不用。有一次，他宣称自己可以使任何女孩都变得无比美丽，特别是那些身材苗条、气质出众的女孩，如果能够使用上他的装备，便能够立刻变得风情万种，令所有的男士为之着迷。其实，他只是在每次演出的夜晚，送给即将上台表演的女士们一个花篮，这就是他的神奇"装备"，这样的秘密武器使得每一个即将表演的女郎，都觉得自己受到了和美女一般的待遇，她们的脸上因此而散发着迷人的光芒，表演也生动了起来。

我并不是因为这两则故事能带给大家笑料而引述过来的，而是希望太太们能从中获得启发。如果一个人可以使他的马和猫受到欢迎，一个艺人能使他的演员从一个平凡的女孩变成维纳斯式的美女，为什么诸位太太们不借用一下他们的方式，使自己也成为丈夫最棒的经纪人呢？让丈夫成为最受欢迎的人，也是优秀的妻子的责任。

有的妻子可能说自己并不清楚丈夫业务上的事情，所以无法在事业上给予丈夫帮助。的确如此，有的时候妻子是帮不上忙的。但是，她可以在社交上发挥独特的作用，这一点是毋庸置疑的。只要妻子付出了一定的努力，她的丈夫就会因此而受到欢迎。一个人如果受到了大家的欢迎，就会得到更多的发展机会。想想看，你可能会在一场舞会中认识到有价值的合伙人，你的一笔业务可能因为一场同学聚会而谈成。很多人都有社交恐惧症，不愿意和陌生人打交道，将自己限制在几个固定的朋友圈中。如果他们能够受到一些人的关注，得到大家的欢迎，必定能够为他的事业带来一定的帮助。

假如你的丈夫是一个不善交际的人，那么他一定很需要一位厉害的经纪人，来帮助他获得社交上的成功。而好妻子便扮演了这样一个角色。以下有三种方法能帮助丈夫结交到更多有益的朋友。

NO.1 使丈夫受众人欢迎

多年前的一个晚上，我和桃乐丝一起去探访当时的著名歌手吉力·奥特尼。那天他正在艾逊广场花园开办个人演唱会，台下的歌迷成千上万，那时正值他事业上的高峰期。当时他的妻子依娜也在那里。到了节目中场休息的时候，我们打算一起去吃晚餐，但是到出口的时候，我们被一群年轻的小伙子们发现了，大家都围过来向这位歌星索要签名。由于是中场休息时间，所以我们的晚餐时间也特别短暂，被这样一大群人围住要签名必然会占去我们大部分的时间。当时我看了一眼依娜，担心这位妻子会因为时间被耽搁而大发脾气。这位太太看出了我的担心，笑着对我说："吉力从来不对别人说'不'，尤其不会拒绝年轻的小伙子。"

奥特尼夫人这一句看似轻松的话，远比那些歌迷杂志和图书上对吉力的介绍更有看头，更加让歌迷们了解到这位歌星的个性。这句话说明了她的丈夫有一副热心肠以及和善的态度。

当然据我们了解，吉力先生的个性本来就是十分和善的，依娜的话无疑是肯定了这一点，让她的丈夫更加受欢迎。那么一些性格并不是很好的男士，能否得到别人的喜欢呢？我的答案是，可以。只要他的妻子肯协助他。

我就认识这样一位男士，他的脾气很暴躁，态度也特别傲慢，还时常跟人争辩，有他在场的时候，大家都会闭紧嘴巴，不想与他交谈，因而可以看出，这位先生在社交上是很不受欢迎的。然而，幸运的是，他娶到了一位非常优秀的妻子。这位妻子的和善是有目共睹的，大家都愿意和这位优雅的夫人交谈。当这位太太将那位不受欢迎的丈夫的悲惨童年告诉大家时，所有人都理解了为何这位先生的脾气如此恶劣。大家不再厌恶他，反而开始同情他。这位男士是一个孤儿，自小便没有得到良好的照顾，亲戚们对他的态度也很差，总是将他推来推去。从小到大，他受尽了人们的蔑视。当我们得知这些情况后，都改以用一种宽容的态度来接纳这位先生了。尽管这位太太无法改变丈夫的个性，也不能使她的先生受到大家的欢迎，但是毕竟能够让大家开始包容他的缺点，并以宽容的心态来接纳他。这难道不是一种很大的进步吗？

"从他的妻子注视他的眼神中，你就会明白，他并不是一个十恶不赦的大坏蛋。"这句话曾经使众多公司的主管脱离社交危机。一个男士想要达到一定的成功，他的身边一定少不了这样一位有才华的经纪人，这位经纪人能让这位先生看上去更有人性，从而才会使人们愿意与他结识。

NO.2 帮助其展示出才华

有些女人总是会做一些愚蠢的举动，她们认为自己穿上一件貂皮大衣，就能够让丈夫得到别人的关注。当然，你的貂皮大衣可能使你得到全场的注目，但是并不会满足你所有的愿望。女士们，炫耀自己并不等于炫耀丈夫。聪明的女人知道还有更好的办法。

有一位年轻的淑女曾经向我讨教，如何才能把小故事讲得生动有趣，原来这位女士想要利用这个方法，来加深丈夫在朋友中的印象。当时我给她的建议是，让她的先生亲自去讲述那些有趣的故事，也许会更有效。很多女士都有这样的想法，她们想尽办法让自己的笑话更幽默，她们的确也做到了，并且成功引起了全场的注目，然而她们的丈夫就没有这样的好运气了，因为这些先生可能正在某个角落里无聊地玩着自己的手指头。

想让丈夫得到别人的关注，引起他人的注意力的最好办法，就是在自己的家中举办宴会。如果丈夫的一些特殊才能足够引起他人的注意，那么你就一定要创造一些小机会，让丈夫能够施展出这种才华。因为在公司中，每个人都有繁重的工作压力，很少有机会去展现那些能够艳压群芳的才华。宴会就是一种施展才华的完美舞台，我知道很多这方面的成功例子。

聪明而又不失亲切的卡梅隆·西普，居住在加利福尼亚州的格连在尔城。他是一位作家，专门为一些舞台演员、影视明星们写传记。卡梅隆先生是一位机智而随和、热情好客的人，很喜欢结交朋友，这些都要归功于他的妻子凯瑟琳。她经常在自家的院子里设宴招待卡梅隆先生的朋友们。卡梅隆最擅长的就是用木炭烧烤牛排，前来做客的朋友们，不仅能够品尝到美味的牛排，还能够欣赏到卡梅隆先生娴熟的烹饪技艺。在宴会上，卡梅隆先生会说一些有趣的故事逗来宾开心。

纽约的约瑟夫·弗莱思先生，不仅是一位优秀的小儿科医生，还是一位业余的魔术师。到约瑟夫家做客的客人们，经常能欣赏到约瑟夫的即兴魔术表演。约瑟夫担任魔术师，而他的妻子玛丽琳就成为他的助手，有时候他们两个可爱的儿子也会上台帮忙。

这些在社交场上魅力四射的男士们，首先就要感谢自己的妻子，因为这些善解人意的太太们愿意在盛大的社交场合中隐藏自己，而把丈夫们推到主角的位置，自己却甘当配角。太太将自己的光芒让给了丈夫，这比两个人同时表现出各自的优点，更能达到家庭的美满和谐。

NO.3 使丈夫的优点得以体现

一些在事业上非常成功的男士，到了社交场合可能会变得哑口无言。这种男士，可能是属于天生的实干派，不大善于交谈。但是其中有些男士，则期望能够在社交场合表现得风度翩翩，只是他感到自己没有和他人打成一片的天赋，也不知道应该从哪方面切入。假如你的丈夫内心有这样的渴望，那么你作为他的经纪人就该适时出场了。妻子要自然地引导丈夫参与到谈话中去，使丈夫轻松地融入到谈话里。比如，妻子说："这让我想起上个星期吉姆和一位客户谈论的事情。他当时和你说了什么呢，吉姆？"这是一个很好的方式，它可以让吉姆从容地参与进来。而且就算是世界上最害羞的人，谈到自己最熟悉或感兴趣的话题，也不会畏缩不前的。

华尔特太太就是这样一位优秀的经纪人，她让自己的丈夫从一位默默无闻，如同"墙画"一般的男士，转变成了一个宴会达人。

"其实，我先生的本性并不是羞涩的，他非常开朗且热情，熟识华尔特的人都是这样认为的，只是他的自我意识太强，很少主动去结交新的朋友。我希望他能够拥有更多的朋友。"华尔特太太这样表示。

华尔特太太认为直接提醒丈夫在社交方面的不足，只会让他更加抵触。她只好悄悄地进行自己的计划，让丈夫在不知不觉的中得到改变。于是无论在何种场合的宴会上，她都努力找出一些喜欢摄影的人，因为华尔特是一位摄影爱好者，让爱好摄影的人和华尔特交谈显然是一个不错的主意。每次参加宴会，华尔特都能够找到一个同样喜欢按快门的朋友。当他们开始谈论共同爱好时，华尔特便能很容易地忘记自己，展现出他真正的个性。如此几次之后，他们再去谈论其他话题也就容易多了。

当然，华尔特夫人做出的努力还不止这些。她经常会在丈夫将要结交新朋友时，为他做一些重要的提示。比如"史密斯夫妇刚从波特兰搬到这里，他们从事的是木材生意"这样的提醒。

"在我做了这么多努力之后，我发现华尔特的社交心态产生了变化。他现在很喜欢参加宴会，乐于结交新的朋友。家人都认为这简直是一个奇迹。每当大家对我说'天呀，你先生太棒了'，我就感到十分满足。"

华尔特先生真是幸运，拥有这样一位厉害的经纪人。但是有些男士就没有那么幸运了。我认识这样一位推销员，他的学识非常深厚，特别精通枪械方面的知识，他脑子里也装了很多稀奇古怪的想法。但是很少有人知道这些，因为他的社交圈子很狭小，一直在推销行业中默默无闻。我想这样优秀的人才被淹没在人群中，真是很可惜。后来才得知，他的太太从来没有给他创造过施展才华的机会，她总是将话题控制在自己了解的范围内，这位太太从来不关心丈夫在宴会上表现的如何，即使丈夫独自坐在角落里。

最棒的宣传大使

你对丈夫的态度直接影响了丈夫在他人心中的形象。对此，我是深有体会的。

有一次，我需要了解一些关于家电冷却系统的事情。我找到了一家当地经销商的电话。电话接通后，接电话的是一位声音温柔的女士，她就是经销商的太太。

"十分抱歉，我的丈夫暂时不在家，对于您提出的家电冷却的问题，我只是略通皮毛，可我的丈夫是这方面的专家。如果您不介意的话，我会安排他亲自去您家，也许他可以帮您挑选到一款非常不错的冷风机。"电话的那头，经销商的妻子非常热心地介绍着。

当我听到这位妻子竟然能够如此赞扬自己的丈夫，并且这样信任他，我也跟着信任起这位经销商，尽管这样的信任得不到任何可靠的凭证。但我当时便十分高兴地答应了这位妻子的要求。当这位经销商来到我家之后，只是随便察看了一下我家现有的冷却情况，就为我安装了一台冷风机，如此，他轻而易举地便赚到了一笔钱。

我们难道不能从中得到一些启示吗？任何一个高明的宣传员都比不上一个聪明的妻子。

多罗西·迪克斯就曾经这样说过："通常，在我们心中的一些想法或结论，比如琼斯先生是一位了不起的大人物，史密斯先生的医术很高明，完全是通过琼斯太太或是史密斯太太这样传达给我们的。她们由衷地欣赏自己的丈夫，使我们也不得不相信她们的丈夫有多么了不起了。"

假如一个小孩子已经表现得十分笨拙了，这个时候人们还对他说"这孩子真笨"之类的话，这个小孩子只会变得比以前更加迟钝；假如你夸赞一个人说："你真有礼貌。"那么他的态度就会因为受到了称赞而变得更好；假如一个人受到了跟成功人士一样的款待，那么他就会时常流露出一种成功者的风范、领袖的气质。由此证明，他人的态度往往影响着一个人的性格。

一些有才华的男士的妻子，格外擅长赞扬自己的丈夫，她们在字里行间都透露出一种骄傲与自豪。她们常常会遗憾地向诸位表示："我真希望比尔也能参加这个聚会，但是他正忙于处理琼斯公司的诉讼官司，这件官司的影响实在是太大了，这让比尔脱不开身。"另外一位太太也立马表示出同样的遗憾："我也希望鲍勃能来，但是他这段时间一直在为本区的医学讨论会做准备，忙得连我都找不到他。"

这些女士们看似无意的交谈，却能够让人了解他们的丈夫是多么的忙碌，多么的能干。好像他们要想得到一点休息的时间，就必须将委托人和病人们都赶走，就像把球棒一挥将棒球击飞一样。

其实，许多男性都不擅长自我夸耀，他们一般不会当着他人的面，眉飞色舞地吹捧自己的成就，或者夸耀自己的光辉历史。当然这是一种值得称赞的谦逊行为，但是他们的沉默往往会使他们错过一些成功的机会，因为这样的谦逊会使他人无法真正了解你。这时，就轮到聪明的妻子来发挥作用了，如果这位妻子能在保持良好风度的前提下，十分有涵养地为自己的丈夫宣传一番，也算不上是有失体面的，而且能够因此为自己的丈夫争取到一个成功的机会的话，也就是大功一件了。

有的妻子在这方面做得也是非常到位的，比如库伯夫人。

那一次，我参加了一次宴会，令我感到非常高兴的是，演员安东尼·甘波·库柏也在这次宴会的邀请名单当中。库伯先生是我非常崇拜和喜爱的演员。我时常去影剧院和电影院观赏他的演出。库伯太太挽着库伯先生的手臂出席了那次的宴会，我十分荣幸能够见到他。

细心的库柏太太觉察到了我对她丈夫的热爱，便热情地向我讲述了库伯先生早期演艺生涯中发生的一些事。通过这次谈话，我对库伯先生有了更多的了解，我得知了许多他在伦敦的老维多克剧院演出时的情形，了解到他和一些明星共同出演莎士比亚名剧的事。这些事情是我从未在报章杂志上看到过的，在了解这些事后，我对库伯先生的喜爱之情更深了，他那崇高的艺术修养令我十分敬佩。我十分感激库伯夫人在那次宴会上与我的交流，要不是她，我不会如此激动。

在摩斯西林·娜金还是芭蕾舞剧团的演员时，我就知道她了。后来她成为有名的芭蕾舞者，和伟大的亚利西雅·马尔克法以及亚历山度拉·丹尼洛法都曾合作过。后来，娜金和力西亚·亚辛斯基先生结为夫妇。他们组建了属于自己的芭蕾舞团，并陆续在全国做巡回演出。他们现在都是大忙人，有一次我遇到娜金，便询问她巡回演出的事情进行得如何了。

"雅斯加（她先生的昵称）做得太棒了！"娜金兴奋地对我说，"雅斯加一直都有一个梦想，就是组建自己的舞团。现在这个梦想终于实现了。他现在不仅仅是跳舞，还要担任导演和舞团的经理。他一个人扛起了那么多的责任，却还是把一切都打理得井井有条！他真是太棒了！"当时像娜金夫妇这样的舞团其实有很多，但是大部分的舞团管理者都不擅长经营舞团，所以当娜金向别人说起丈夫的管理才能时，她那由衷的赞赏之情感染了所有的人，雅斯加的名气也因此而大大增加了。

从事技术方面工作或是做职业经理人的男人，十分清楚地知道妻子在宣传自己形象方面具有的重要意义。这些妻子总是迫不及待地向世界宣布，她们的丈夫是多么的了不起。

柯西曼·毕塞尔先生曾经在一次本地的商业集会上，向台下年轻有为的工商界领导人物训话。作为芝加哥律师协会的会长，毕塞尔先生语重心长地说："你们之中，如果有人想要持续获得成功的话，就必须好好拉拢你们的妻子，千万不要小看挽着你们手臂的夫人们。她们是世界上最棒的宣传家，只要她们能够将自己的能力充分施展出来。她们那种不卑不亢，而又恰到好处地称赞会使你得到很大的益处。而你自己永远具备不了她那迷人的风范。"

妻子们可以使众人注意到丈夫们的才能，还可以尽力将丈夫的缺点所产生的反面影响，降到最低程度。这个世界上不存在完美的人。贝多芬为我们创造出了天籁之音，却阻止不了他的听力出现问题；拜伦为我们谱写了许多激动人心的诗篇，我们却还是要为他跛脚而感到惋惜；征服了法兰西的拿破仑，无论是在军事上还是政治上都是所向披靡的，但是这位伟大的将领却不敢在大庭广众之下进行演说。每个人或多或少都有不足之处，男性的缺点可能会导致他的事业受阻，而女性的缺点则会让她在家庭和社交两方面都无法成功。

有很多人如此说，记住每个人的名字和容貌，是通向成功的阶梯。但是话锋一转，又立马强调说，要想做到这样是十分困难的。如果丈夫的记忆力正在逐渐衰退，妻子们不要一味地担心和遗憾，而是要及时训练自己去记住那些名字。一旦感觉到丈夫忘记了对方的名字，你就要做到上前去提醒丈夫，从而帮助丈夫避免尴尬。

一般而言，越是忙碌的人越是难以记住他人的姓名，我也遭遇到这样的困扰。我曾多次跟妻子探讨这个问题，最后我们想出了一个可行的办法。比如当我们被告知要与一群人见面时，妻子会提前查出这些人的姓名，然后反复强化记忆下来，尽量做到十分熟悉的程度。等到见面时，我们就多次提到曾经反复记忆的人的姓名，由此也能化解尴尬。比如"戴尔·鲁滨逊夫人刚才告诉我一些关于刘易斯的事情。你最近和他见过面吗？知道他最近的情况吗？"桃乐丝的提醒有时候真的对我帮助很大。

这个技巧可以适当减轻我们对记住所有人姓名的难度，适当掌握这种技巧，像桃乐丝这样，已经多次将我救出了窘迫、焦急的困境。显然妻子比丈夫拥有更多的时间，来完成这项工作。我想，只要妻子们肯下决心去做，一定能成为丈夫最需要的记忆帮手。

假如女士们本身具备了良好的学识和修养，那么她们就可以弥补很多丈夫在学识上的不足。很多成功男士，都曾得到过妻子的帮助，知识渊博的妻子犹如静默开放的百合，散发出浓郁的香气。

现代生活紧张而忙碌，很多人甚至忘记了怎样去学习。他们局限于自己的视野中，舍不得花时间去发展和完善自己。这时，如果能够拥有一位学识渊博的妻子，在同伴们谈论音乐、诗歌或是文学的时候，发表一番自己的见解，那么丈夫也会感到有面子，会很享受同伴们传递来的羡慕眼神。

如果你的丈夫认为自己太过平庸，完全不值得一提，因而独自躲在人群的角落中，这样的话是十分危险的。有时候，人们也会觉得，这样的男人的确是乏善可陈的，毕竟连他自己都是这么说的。但是作为妻子，你无法容忍别人这样去定义你的丈夫。因此，你应该发挥出你的能力。记住，没有一个宣传员能够比你优秀。你拥有神奇的力量，足以让别人对你的丈夫刮目相看，这样的能力足以让一支枯萎的紫罗兰重新绽放。

那么，帮助自己的丈夫令人刮目相看的方法有哪些呢？以下有几条建议可以作为参考。

（1）经常提起丈夫曾经有过的辉煌成就。

（2）在恰当的时候，鼓励他说出内心真实的想法，鼓励他在人群中勇于表达自己。

（3）为他提供与优秀的人交流的机会，同时也要制造机会让欣赏他的朋友与他交流。

第一印象是很重要的，尽管第一印象也存在着许多偏见，无法正确判断出一个人的内在价值。但是作为妻子，为什么不去帮助丈夫给他人留下一个好印象呢？别忘了，你是世界上最好的宣传员。

8

第 8 章
懂得进行自我塑造

自从你们携手迈进婚姻殿堂的那一刻起，你们便既得到了神的祝福，也引起了恶魔撒旦的注意，这位破坏之王时刻注视着你们的举动，时刻准备着摧毁你们在神父面前许下的誓言。因此，妻子必须提起十二万分的注意力，警惕恶魔在我们松懈时放出冷箭和脚镣。

停止喋喋不休

"我们看一位男士的婚姻是否幸福，完全可以从他们妻子的性格中得到证实。"

桃乐丝·狄克斯说："一个女人即使是才貌双全，但是如果她的脾气暴躁，唠叨不断，并且挑剔个没完，那么她所有的优点都等于零。"

"许多男士之所以在结婚后失去了那份冲劲，并且放弃了努力拼搏的意志，"桃乐丝继续说道，"这与他们的妻子是有密切关系的。妻子们总是随意打击丈夫的想法，对男人的希望和梦想泼冷水。她们只会不停地唠叨、埋怨。总是在长吁短叹，她们只知道疑惑：为什么自己的丈夫不像别人那样懂得赚钱？为什么她嫁的人写不出一本畅销书，为什么不像别人那样能谋求到一个好的官位？有这样的太太，丈夫怎么能不灰心丧气呢？"

确实，妻子的唠叨是最可怕的，它给家庭带来的不幸远比奢侈浪费要严重得多。很多专家已经对此做出了研究调查。

莱维士·M.特曼是一位心理学博士。他曾对1500对夫妇进行了详细的调查。研究结果表明，丈夫最无法容忍的，就是妻子的唠叨和挑剔。盖洛普民意测验机构也得出了同样的结论：男人们都把唠叨、挑剔看作女性的第一位缺点。还有詹森性情分析机构也指出没有其他缺点像唠叨和挑剔那样，能给家庭生活带来如此大的伤害。

然而，太太们的唠叨历史是十分悠久的。早在原始的穴居时代，婚姻还未像现在这般有保证时，太太们就想尽办法试图用唠叨和挑剔来影响丈夫。

据说希腊大哲学家能够与任何人辩论，却唯独害怕自己的妻子，他甚至要躲到雅典的树下静心思考，只为了躲避妻子兰西勃的唠叨。像法国的拿破仑三世以及美国总统林肯这样杰出的大人物，也都曾受尽了妻子的唠叨之苦，甚至连奥古斯都·恺撒之所以和他的第二任妻子离婚，也是因为无法忍受妻子的唠叨。

女人们总是试图用语言轰炸来改变自己的丈夫，但却从来没有达到理想的效果，她们轰炸得不遗余力，也只是徒劳，除非太阳打西边出来。

我的一位老朋友就深受唠叨之苦，他的太太总是蔑视和嘲笑他做的每一件事情，他的事业也被太太批评得一文不值。起初，我的这位朋友从事着推销工作，他自己也对这份工作很感兴趣，每天都干劲十足地向别人推销自己的产品。当他工作了一整天回到家中，骄傲地向妻子说起一天的工作，期望能够得到妻子的几句鼓励时，他的妻子是这样回应的：

"你终于回来了，我的大人物，今天的生意很顺利吧？你赚到的佣金够我们买吃的了吧？"又或者是"你只带回了经理的一顿训斥？我想你一定记得，下个星期我们就得交房租了吧！"

这种情况一直持续了好多年。几年之后，他已经在一家知名公司担任总裁了，至于那位嘲笑他的太太，现在肯定是无比后悔了，因为这位先生早已和那位没有礼貌的太太离婚了。后来，他十分幸运地娶到一位充满爱心，且十分支持自己的女士。这正好弥补了我的朋友在第一段婚姻中的不足，现在他们的家庭生活非常美满。

事实上，他的第一任妻子在他们离婚的时候，都还没有明白为什么丈夫会提出离婚。"自从结婚后，我一直勤俭持家，吃了那么多的苦，"这位太太对其他人抱怨道，"结果，当他不需要我的时候，就把我一脚踢开了，去找更年轻的女人陪他生活，这个男人太令我伤心了！"

假如你跟这位太太说，导致他们离婚的真正原因并不是其他女人的介入，而在于她自己的毛病，这位太太肯定无法相信，她会认为你说的都是鬼话。但事实却摆在那里，就是她的挑剔和唠叨使她的先生离开了她。如果一个女人总是用一种近似于蔑视的方式来挑剔自己的丈夫，这肯定会极大地伤害到男士的自尊心，并且摧毁他开拓事业的信心。

我另外一个朋友的儿子也遭遇到了这样的事情。他是一位 20 多岁的年轻人，很早便成了家。那时的他在激烈的竞争中得到一个工作机会，决心在广告界闯出一番天地。他急切地想与年轻的妻子分享自己的梦想。他的妻子是一个积极而充满野心的女人，对丈夫一些谨慎而保守的做法时常表示出不满。

这位年轻人曾经向我抱怨说，这位妻子总是无休止的打击和嘲笑他，使他的自信心受到了极大的摧毁，梦想也因此被废弃。日复一日的唠叨让这位年轻人再也无心工作，最终他放弃了那份得来不易的工作机会。最后他们离婚了。离婚之后，他反而逐渐找回了一些自信，如同生病的人重新焕发了活力一样，他感到自己的生活又开启了新的篇章。

在这些唠叨中，最具杀伤力的就是将你的丈夫跟其他男人做比较。"为什么只有你这样笨？人家比尔·史密斯已经连升了两级，而你费了半天劲却只升了一级。你的薪水或许连他的零头都不到！""我哥哥太能干了，我的嫂子实在是太幸福了，她又买了一件裘皮大衣。""早知道当初我就嫁给赫伯特了，肯定会过得比现在好。"有哪一位丈夫能受得了妻子这样的冷嘲热讽。

埋怨、诉苦、攀比、蔑视、嘲笑以及唠叨，都是愚蠢女人的表现。这些女士要么是精于其中一项，要么就是全面发展。唠叨如同顶级的麻醉药，是无法戒除的。一个二十几岁，刚刚踏入婚姻生活的女孩子，如果每天唠叨着不知何时才能住进像邻居家那样豪华的房子的话，那么再过20年，到了她40岁的时候，她一定会变成一个无药可救的、对任何事都无法满足的抱怨专家。

世界上没有不拌嘴的夫妇。一般而言，因为意见不统一而产生的争执并不会造成婚姻破裂。但是任何事情都有一个度，如果一位男士每天回到家后，都要领教一番妻子的唠叨，且这样的唠叨是无休无止、不留情面的，那么无论这位男士在事业上获得了多么大的成就，也终将从事业的顶峰上跌下来。唠叨能够摧毁一切进取心。

弗吉尼亚大学的沙姆·W.斯蒂文教授在一次演讲中说道："美国当代的丈夫们应该懂得享受四种新自由——免于被唠叨挑剔、免于被支使、免于消化不良以及结束一天繁忙的工作之后，换上旧衣服放松的自由。"

为什么妻子们总是喜欢挑丈夫的毛病呢？一个不容忽视的原因就是身体状况欠佳。产生这样状况的太太们，最好去找心理医生进行咨询，如此既能够保证你的身体健康，又可以使我们的丈夫免于遭受唠叨以及挑剔的轰炸。就像定期检修汽车以使之保持良好的驾驶性能一样。

有时候甚至连法律也会把唠叨作为减轻量刑的依据。在瑞典的法律中，就有这样一条：如果律师们能够证明，自己的当事人是在受到唠叨的状态下从事了犯罪行为，那么这件案件极有可能会被判定为过失案件，而非谋杀。此外，由佐治亚州最高法院审理的一件案子中，丈夫为了躲避妻子的唠叨，而将自己关到客房中将是无罪的。法庭对此的解释是："所罗门王说过：'住到阁楼上的角落中，总好过在大厅里受女人的闲气'。"

　　纽约的一份报纸曾刊登过这样一件杀人案：一个 50 多岁的卡车技工，雇用了三名流氓杀害了自己的妻子。究竟是何种原因让丈夫对妻子下如此毒手？原来也是因为这位妻子总是不停地唠叨和抱怨他。

　　听了这么多的例子，你是否也会感到一阵后怕。你的唠叨不仅阻碍了丈夫的成功，还会威胁到你们的婚姻生活，更有可能危及自己的生命安全。如果你不太确定自己是否有这样的问题，你就应该去询问一下你的丈夫。如果他说你具有这样的问题，也请不要震惊，更不要发火，只有当你意识到自己的问题时，才能够改进它。

　　如果你已经发现自己变得唠叨了，并且已经逐渐体会到它给生活带来的一些麻烦，此时的你一定真心实意地想要改正它，那么下面的几条建议将对你产生很大的帮助。

NO.1　发动周围的人监督你

　　如果你的自制力不强，那么你可以让你的丈夫和家人来帮助你。你们可以制定一些奖惩措施。当你即将爆发的时候，当你又陷入到喋喋不休时，请他们指出来并对你进行惩罚。

NO.2　任何话说一遍就可以了

　　假如你已经反复地提醒了你的丈夫去洗碗，他却还是毫无反应，那就说明他不想去洗碗，你又何必再多说一次呢？唠叨只会让丈夫产生更加抵触的心理。

NO.3　用平和的方式达到自己的目的

　　我的祖母经常会说一些这样的话："想要得到更多东西，用甜的东西比腐烂的变质的东西更具效果。"直到现在，我都还觉得这句话不仅幽默，还充满了无与伦比的智慧。虽然我不想把丈夫们比喻成苍蝇，但是有时甜的东西确实是十分有用。

"亲爱的，如果你今天能修理好我们的草坪，那么晚上你将会吃到非常美味的苹果派。"

"亲爱的，你知道史密斯太太今天说了什么吗？她说真羡慕我有一个这样能干的丈夫，把草坪修理得如此完美。"

这样甜蜜温柔的话语，肯定胜过那些无休止的唠叨，并且能够使你轻松达到目的。

NO.4　培养幽默感

如果你常常因为一些微不足道的小事而发脾气，那么你的精神迟早要崩溃掉。有的丈夫只是去浴室拿一条浴巾，也要受到妻子的责骂，这样气急败坏的女士是谁也无法忍受的。

理智的女士们即使本身是一个购物狂，也不会对一件便宜货支付法国名牌的价格，因为她们明白那无疑是一种浪费。唠叨、挑剔也是一种浪费，尤其是为了一些小事，更不值得大动肝火。

懂得幽默，培养起自己的幽默感，将琐碎的小事用幽默的话语，以及积极心态化解开来。如此也会维持你自己以及家人的好心情。然而，却有很多人不懂得这个道理，或者是他们做不到幽默，每天都绷紧了脸，将所有的爱都转化为痛恨。

NO.5　遇到不开心的事情时一定要保持冷静

生活中经常会遇到许多不愉快的事情。这种时候，请不要轻易发怒。不妨将这件事记到本子上，等大家冷静下来之后再做讨论。如果只是一些微不足道的小事，我想用不了多久你便会忘记，即使没有忘记，你也不会再计较了。尤其是夫妻之间，一定要学会冷静思考问题，讨论事情。

查尔斯·史波考曾说：掌控男人的诀窍，就是让他们做想做的事，你应该去激励他而不是驱使他。

查尔斯的话具有一定的道理，否则他的年薪也不会达到 100 万美元。还记得有一首歌这样唱道：手枪是套不住男人的，喋喋不休更行不通，错误的做法只会让男人精神崩溃，你的幸福也会越走越远。

不要野心太大

珍妮·维尔西是一个美丽的女子，她不仅是继承了大量的遗产的贵妇，还是一位诗人。1826 年她和卡莱尔结婚了，珍妮的朋友们并不欣赏卡莱尔，她们都认为珍妮托付错了人。尽管她们承认卡莱尔很聪明，但他的为人却很粗暴，也不善交际，还是一个不折不扣的穷光蛋。然而珍妮却并不在乎这些，迷人的珍妮和冷峻严肃的卡莱尔的婚姻已然成为一个传奇。珍妮与丈夫一路相拥走过，见证了丈夫的一系列著作，如《法国革命》《克伦威尔的一生》等作品的诞生，后来卡莱尔先生又担任了爱丁堡大学的校长，成为万人敬仰的偶像。现代的一些文学大师们，时常要在卡莱尔夫妇位于敦刻尔克的房子中聚会。

珍妮本也是一位才华横溢的诗人，可是自从她嫁给了卡莱尔之后，便腾出了更多的时间来帮助他，为此放弃了写作。与此同时，为了不干扰丈夫的写作，他们甚至搬到了与世隔绝的苏格兰乡下。那儿的生活是很艰苦的，珍妮不得不自己亲手缝补衣服、照料丈夫的生活。珍妮的确是一位很能干的妻子，她不仅照料好了丈夫的慢性胃病，还消除了卡莱尔长期以来的抑郁情绪。珍妮不愧为一个优秀的家庭主妇。

后来卡莱尔先生的名气渐起，许多欣赏卡莱尔的女人借由各种途径亲近他，珍妮却丝毫没有计较，表现得十分大度，因为她认为这些女人能够帮助丈夫获得更大的名气。在珍妮所有的美德中，最令人称道的，就是她从来没想过要改变丈夫的性情。

"我当然不鼓励所有人都具有相同的性情，我一向的做法是，拿粉笔画一个圆圈，鼓励圈中的人尽量发挥出自己独特的个性，而不是跨出自己的圈子或者成为和别人一样的圈子。"这是珍妮写过的最著名的一段话。

妻子最该做的是正确了解丈夫的能力范围，以及帮助他们挖掘自身的能力，而不是推动丈夫去做那些超出能力范围的事情，这两件事情是有极大差别的。

珍妮就是一个好榜样，她知道自己的先生是一个天才，便从来不在意丈夫粗鲁的言行，也不想把丈夫塑造成别的模样，她让丈夫在自己的"粉笔圈"中努力生活。

并不是每一位妻子都能够做到这样善解人意。有的男人活得很疲惫，原因就在于他们有一个野心勃勃的妻子。这样的妻子会强迫丈夫去做一些超出他们能力范围的事。一些人在自己的职位上工作得很称职和快乐，倘若强迫他们不顾一切地去谋取高位，只会徒增他们的烦恼，甚至会引发疾病，最终还会因为承受不住巨大的精神压力而提早踏进坟墓。

"做一个高超的砖瓦匠，也比其他行业中的二流人物强上千万倍。"奥里森·史维特·马登如此说道。成功，必须是适合我们性情、心理以及能力的成功。

不是每一个人都能成为将军或者董事长。人们给予了成功人士太多掌声，导致人们认为满足于低职位的人都是不具上进心的。如果妻子们也怀有这样的想法，她们便会不断地强迫自己的丈夫往上爬，并且提出许多不现实的要求。野心勃勃的妻子们认为丈夫应该像疯子一样超越邻居以及朋友的收入。

耶和华问我们："你们有谁能因为苦思和忧虑，而增长自己的身高呢？"即使你再想增高，忧虑和烦恼也帮不上你的忙。而太太们正是由于对此抱有幻想，才导致了家庭悲剧的不断上演。

我就认识这样一位女士，她已经结婚20多年了，但还是一直没有放弃让自己的丈夫从一个水管工人变成一个白领。她的丈夫其实是一个技术十分高超的工人，可是她对此并不满意。每当她看到朋友的丈夫提着公文包去办公室上班，而自己的丈夫却要拿着饭盒去上班时，她就会感到丢脸。于是这位太太不断督促丈夫走不同的路。

为了达到这位太太的要求，这个水管工人只好去一家大公司做抄写员，现在的他终于双手拿的不是螺丝刀而是钢笔了。他的太太也很满意丈夫现在的工作，她终于可以向朋友们炫耀自己是如何把丈夫从蓝领阶层拯救出来。她的丈夫也十分努力刻苦，虽然困难重重，还是晋升了几级，工资自然也比做水管工时增加了许多，但是这位先生却十分厌恶这份文书工作，对此毫无乐趣可言。

为了得到更高的地位，为了高薪，强迫丈夫放弃他喜欢的职业，而从事一件他厌恶的工作，即使他得到了升职，对他而言也是一件十分不幸的事情。

克利弗·西瓦茨曼原本是檀香山警察局的警车巡逻员。但他却被调到了另一个部门，这个时候，他的小女儿才刚出生不久。新的工作虽然薪水很高，但压力却非常大，西瓦茨曼几乎没有闲暇去照顾家庭。但是作为一个称职的警察，他还是接受了这样的调动。

起初一切进展似乎还不错，但是，紧接着情况就恶化了。这位先生开始失眠，健康状况也变得越来越差，脾气也异常暴躁。医生为他做了全身检查，却未能发现任何问题，后来西瓦茨曼同医生进行了一次长谈，医生认为这些情况是西瓦茨曼个人造成的，他建议病人辞去新的工作，否则后果将不堪设想。

西瓦茨曼听从了医生的建议，请求调回原来的岗位。回来之后，他的身体状况果然得到了很大的改善，一切似乎也都恢复了正常。

"对我而言，再高的薪水也比不上从事自己热爱的职业，从我的经验中得出，快乐的生活、健康的身体比金钱更重要。"西瓦茨曼这样说道。

西瓦茨曼很幸运，因为他能及时懂得这个道理。但还是有很多人不明白这个道理，导致他们为此而悔恨终生。在约翰·马昆特的小说《没有退路的据点》里，主人公非常重视物质生活，她把贵族学校、高级社交场所看得比什么都重要，为了满足虚荣心，她不断地怂恿丈夫向上爬。尽管丈夫并不喜欢那样做，但他还是不得不对妻子言听计从。到最后他发现自己没有退路了，已经深深陷入不符合他性格的交际圈里。这时候的他，想要回头已经是不可能的了。

妻子们的野心有时候会造成非常严重的后果。《时代周刊》就曾发表过这样一篇文章，讲的是一位官员，很想做外交官，但是三次竞选都以失败告终，于是这位野心家上吊自杀了。

无论是妻子还是丈夫自己，都不要苛求对方去做超出能力的事情。彼得·施坦克博士在《如何停止谋杀自己》中，指责那些过分逼迫丈夫的太太们，因为这些太太们总是无休止地对丈夫提出过分的要求，她们总想过更好的生活，想获得更高的地位。

"那些天生就喜欢追逐名利，或者身处浮华环境中的女人们，总是能够快速摧毁自己的家庭。"这位博士的话是真知灼见。

因此，诸位太太们，请让你的丈夫自由挥洒他们的才华吧！不要迫使他去追求你渴望的所谓的"成功"，那些也许并不适合你的丈夫。

安得瑞·英罗伊斯在《生活的艺术》一书中这样写道："经验多么丰富的旅游家，也不可能走遍每一个村落；再伟大的作家，也不可能写好每一部小说；一个出色的政治家，也无法使每一个变革的每一处细节达到完美。"

我必须再次强调，对于那些并不适合自己的计划，必须坚决地摒弃掉。

如果你希望丈夫取得更高的成就，应该鼓励他、支持他，和他共同努力。但是你一定要先约束好自己的野心，别把他逼得太紧，更不要强迫他去做超出能力范围的事情。

停止指手画脚的行为

在最近参加的一次晚宴中，我遇到了一位朋友，他在一家公司担任公共关系部的经理。他所在的公司是美国最早成立的公司之一。我向他请教妻子们是如何协助丈夫获得成功的。

"我认为一个妻子如果想要为丈夫的成功帮上忙，就必须做到两点：第一，要爱他；第二，要让他独自去闯。也就是说，作为一个好妻子，能让丈夫不受干扰地投入到工作中去，就是对丈夫迈向成功最大的帮助了，这样可爱的妻子才能够为丈夫营造出一个快乐舒适的家庭环境。这样不打扰的原则既适用于生活中，也适用于工作上。"这位经理如此告诉我。

他继续说道："有的妻子就是不能明白这一点，总是喜欢去打扰丈夫的工作，自认为是丈夫事业上的顾问，甚至干涉丈夫和同事之间的关系。又总是抱怨丈夫的工作时间太长，承担的事情太多，薪水却少得可怜。这样的妻子对丈夫的事业产生了极大的破坏力。"

每一个女孩在披上婚纱的那一刹那，就已经步入了实现自己梦想的角色中，她们梦想着心目中的白马王子能够早日坐上经理的宝座。为了达成梦想，她们使用了很多办法。比如，她们试图与丈夫的同事成为朋友，为丈夫的工作做出一些计划以及暗示。但是她们的计划往往产生副作用，丈夫们不仅没有依照她们设想的那样得到晋升，反而丢了工作。

我们公司新来了一位经理。这个职位确实是很适合他，我们大家都这样认为。但奇怪的是，他的妻子每天都要跟他一起来公司，虽然这位妻子并非我们公司的员工，可她还是每天都亲自将她丈夫的要求记下来，然后交给打字小姐。有时候，这位妻子甚至擅自变更丈夫的计划。如此一来，随着她的干涉，整个办公室都被她搞得乱七八糟。有一位女职员甚至为此递交了辞呈。在这位有才能的经理工作了三个星期后，老板委婉地辞退了这位经理。最终，这位经理带着他的妻子离开了我们公司。

这件事是不是让你感到有些不可思议？但是现实中确实有很多妻子是这样的，她们也许还没有达到陪同丈夫一起来公司的程度，但是她们或多或少地干扰了丈夫的工作。妻子的无礼干涉是丈夫事业成功的绊脚石，即使她们的出发点是好的，只是想让丈夫尽快获得成功。我的一个朋友曾经讲过这样一件事，他们的公司里有一位经理，工作非常出色，而且在这家公司也做了很久，但是不久前他却被迫辞职了，原因是他的妻子总是无缘无故地插手他的工作。

为了能使丈夫尽快高升，做他们理想中的工作，妻子们可没少为此出谋划策。她们殚精竭虑，提出了很多计划，帮助丈夫使公司的其他竞争者出局。她们想当然地认为这些同事是丈夫的敌人，为了确保丈夫的优势，她们四处散播谣言，攻击丈夫的同事，有时候还会在同事的太太面前挑拨是非。有的丈夫甚至会因此而失去工作。而丈夫们有时无法控制妻子的这些秘密行动，便只好向老板递上辞呈。

具体有以下几种情况会使男人的事业遭受负面影响。

NO.1　对丈夫的女秘书恶语相向

有的妻子喜欢责骂丈夫身边人，尤其是他们的女秘书。她们嫉恨那些年轻又美丽的女秘书，一有机会就要对她们恶语相向。即使这些无辜的女秘书并没有把经理们当成钻石王老五来追求，也难免太太们的发难。有的太太甚至把秘书们当成了自己的仆人来使唤。

于是一些秘书就会提出辞呈，这样的行为给各位丈夫的工作带来了麻烦，至少在下一位秘书到来前，经理丈夫不得不亲自处理琐事。但是妻子们却对此毫无愧疚之意。她们认为一个秘书并没有什么大不了的，至少她们的经理丈夫还有一部答录机可以使用。

NO.2　随意地给丈夫打电话

有的妻子总是不分时间和场合，随意地给丈夫打电话，即使丈夫是在参加重要的董事会议。她们每天守着一部电话，通过电波来监探丈夫的行踪，她们逼问他正与谁一起吃饭，向他诉说家中水管的损坏情况，并告诉他们回家时不要忘记早上让他买的东西。有的妻子，会在丈夫发薪水时，直接去丈夫的公司将丈夫的薪水领回家。如此一来，过不了多久，公司里所有的人都会发现经理的办事效率降低了，同时也了解了经理家中的真正主人是谁。

NO.3　和丈夫同事太太之间摩擦不断

有的妻子想当然地认为，丈夫同事的太太都不是好人，不值得与她们结交，因此她也不会给她们好脸色看。甚至有时候还会散布一些流言蜚语，说些老板对自己丈夫以及她们丈夫的一些看法。很快，公司职员们就会发现，整个办公室被分成了几个派别，这些都要拜这位指手画脚的妻子所赐。

NO.4　埋怨他的工作和薪水

不管丈夫的薪水有多高，妻子们还是会不满意。她们总是抱怨丈夫的工作没有发展远景，抱怨他们的薪水太少，办公环境也很差。妻子的看法直接影响了丈夫的工作态度。丈夫们也会慢慢认同妻子的话，在妻子的指挥下去寻找新的工作。

NO.5　指挥丈夫的工作

有的妻子常常搞不清楚状况，她认为既然丈夫是公司的经理，那么她也同样具有这个公司的决策权。这样的妻子经常摆出一副总经理的姿态，对丈夫的工作指指点点，还使丈夫巴结自己的上司。这样的太太请记住了，公司的职员登记表上写的是你丈夫的名字。也许你很希望能做一个有眼光的战略大师，但是丈夫的公司并不是你的战场。

NO.6　心安理得地成为一个"亏空夫人"

妻子的挥金如土可不是什么好现象。不为丈夫的薪水袋儿着想，而大肆地挥霍，为了一场舞会就一掷千金，表面上看来好像你的丈夫事业很成功，实际上他早已是苦不堪言了。

NO.7　扮演蹩脚的侦探

有的妻子把自己装扮成侦探的样子。她们热爱侦查丈夫的行踪，调查丈夫的女秘书、女客户以及同事的太太，这些都是她们热衷的侦查对象。即使男士们为了避免和女同事们发生过多接触，而搬去了另外一间办公室，可是太太们仍然不会放弃她蹩脚的侦查工作。

NO.8　向老板献殷勤

有的妻子只要有机会和丈夫的老板单独在一起，就会使出浑身解数，施展个人魅力。虽然有时候，老板并不介意你愚蠢的行为，但是老板夫人为了能让你更好地施展自己的魅力，就会特地为你的丈夫寻找一个新上司，如此你便可以有用武之地了。

NO.9 在公司宴会上大出风头

妻子出席公司的宴会无可厚非，但是如果你是一个酒鬼那你一定要考虑清楚。几杯过后，有的太太就醉了，毫无顾忌地讲一些丈夫的"趣事"，或者是他如何穿着乱七八糟的睡裤睡在床上。这样的妻子在宴会上大出风头，也让自己的丈夫成为大家口中的谈资和笑料。拿自己的丈夫寻开心，这可是一些太太拿手的把戏。

NO.10 有你在，丈夫绝对不能加班

如果你的丈夫需要加班或是被公司派去出差，你一定会很不情愿，甚至哭哭啼啼地发牢骚。你认为你才是最重要的，所有的事情到了你那里都要遭遇红灯，必须喊停。

9

第 9 章
正视问题，解决冲突

　　洁白的婚纱已经留在了过去，新娘的捧花也已不知所踪，神父的祈祷声也渐渐远去，紧接着你们会度过一个如胶似漆的蜜月。婚姻的前半部永远是充满梦幻的圆舞曲，惬意而罗曼蒂克。但是，在几年之后，你就会发现所有的一切都与原来大不相同了。可能是丈夫变了，也可能是你变了，他已不再是那个风度翩翩、解救公主于危难之中的王子，而你也不再是那个满载柔情和才华的公主。于是，严峻的事情便要发生了。

争吵的产生

可能你能够通过爱情和鼓励使一个平民变成王子，但你却无法使一些酒徒成为牧师，或者让寻花问柳的人老老实实待在家中。其实，即使是我也做不到，只能给诸位提供一些建议，让你们选择一些品德高尚的男士，和那些能够掌控、可以和他共同建立幸福生活的男性结婚。

如果经过了一段时间的共同生活，你们之间的问题仍然很多，你甚至根本不能改变丈夫的那些让你厌恶的毛病时，你就要学会将自己的期望值降低，持续地争吵显然只会让你们之间的状况更糟糕。不能否认的一点是，有些问题是不可能解决的，有一些东西是无法改变的。没有人是绝对的坏，这世上也不存在绝对的对与错，一切都是因为想法不同、彼此需要的东西不一样罢了。不否认这一点，就能够让我们的生活更轻松一些。我们的最大遗憾就是，在结婚之前无法确定自己究竟想要什么样的生活，自己选择结婚的那个男性究竟是怎样的人，如此才导致婚后摩擦不断，争吵升级。

夫妻间意见不同最容易引起争执。吵架既劳心又费力，没有一点实际的帮助，还会影响彼此的身体健康。谁又真的喜欢争吵呢，如果争吵能给我们带来哪怕一丁点的好处，恐怕人们都要争先恐后地去争吵了。

争吵会使丈夫的风度全无，争吵会使妻子丧失掉魅力。那么，如何避免争吵呢？首先自己不要主动去引发争吵，其次适当容忍别人的争吵。当丈夫对你没有按时做晚餐表达出不满时，对此你一定要包容；当妻子有点任性的时候，作为丈夫，你也一定要包容她。有些人与挚爱的人携手度过几十年，他们之间的争吵次数屈指可数，这都是因为丈夫的随和，妻子的包容和忍耐，他们之间即使产生分歧也不会将分歧上升为争吵。

既然我们都明白争吵绝对是有损健康及婚姻的坏事，那么就必须尽量避免争吵的发生。我的建议是：夫妻之间必须把握一条重要的原则——"避开对方情绪恶劣的时期"。

当人们感到精神疲倦、充满压力时，往往就是他的情绪处于火山爆发前的阶段，一点点的火苗都能引起很大的冲突，这就叫作"情绪恶劣的时间"。比如，你的丈夫在工作中遇到了打击，对手抢走了他的大客户；或者早晨他没有睡足，带着起床气，这时敏感的妻子就会察觉到周围的气氛充满了火药味，这显然不是发牢骚的好时机。在"情绪恶劣的时间"里，即使你们没有想要争吵，他却已经是怒火中烧，马上就要火山喷发了。

诸位女士们是如此聪慧，这种时候自然要躲得越远越好。如果你没留神挑起了战争，也许你能够暂时地发泄出一口心头的怨气，可是你想过接下来会出现的后果吗？你们家中精致的茶杯就要遭殃了，漂亮的毛巾将被踩到地上，甚至还会危及眼前这个深爱的人以及你自己的性命。你很快就要因自己的行为而感到后悔。冲动之后就该考虑自己是否应该道歉，是不是把自己挚爱的人伤害很深。无疑，不会控制自己的妻子，是无法避开丈夫"情绪恶劣的时间"的，这样的妻子最终会品尝到自己酿的苦酒。以下提供一些控制情绪的办法。当你感觉到自己快要爆发时，就请深呼一口气，独自去别的房间，暂时与情绪不佳的丈夫隔离开，或者离开家去朋友那里坐一坐，或是拜访一下自己的父母。当然，这并不是让你去跟别人唠叨自己的家务事，只是让你将注意力转移一下，从而平复自己的心情。而且你不能是怒气冲冲地摔门离去。我想，大概过不了一个小时，你就会感觉心情好多了，回到家时，你就会发现丈夫已经消解了他的"起床气"，或是不再为公司的事烦恼了，他已经坐在椅子上吃起了早餐，看起了报纸。看见你回来，你们相视一笑，平安无事。

假如你产生了这样的冲动，看到不思进取的丈夫，很想开口责问。作为妻子，在这样的时刻，就应该立刻提醒自己闭紧嘴巴，去思考一些别的事情，比如你们的蜜月旅行，比如你昨天买的的新衣，又或者计划何时再次出去旅游。当你的怒气消失之后，再去考虑一些切实可行的办法督促丈夫上进。

当然，任何一对夫妻都无法避免发生争吵。即使丈夫是多么的随和，妻子又多么能忍耐，你们还是会经历一些磨难以考验你们。虽然我们无法避免争吵，但还是可以努力将争吵的概率降到最低。不要为一些无伤大雅的事情而争执，否则说出去你自己都要感到难为情。有的夫妻的吵架理由甚至是滑稽可笑的，让人无法分清你们到底谁才是真正的傻瓜。瞧瞧这位妻子撇着嘴说："看到你穿那样褶皱的衬衫，我就不想跟你一起出门，即使免费让我去巴黎，我都不愿意跟你一起去。"那位丈夫自然也是不甘示弱的，回嘴道："前段时间我们家里特别安静，都要得益于你患了急性咽喉炎而无法开口说话！"这位丈夫非常幽默。如果妻子也有同样的想法，那么妻子一定会"扑哧"一乐，就让争吵结束了。但是假使丈夫的幽默并没有产生应有的效果，那么恐怕这位妻子就会火冒三丈。

有一位朋友也曾经向我讲述他与妻子吵架时的情形。那一次，他愤怒不已地对妻子说"收拾好你的衣服离开这个家"，妻子转身就去衣橱里收拾自己的行囊，丈夫立刻就后悔了，于是情急之中，便把妻子锁在了衣橱中不让她出来。这时两个人都笑了，这场战争也宣告终止。但是如果你和丈夫都没有这样的幽默细胞，还是不要尝试这种方法。即使它真的很让人忍俊不禁。

发生争吵时还有一点是值得重视的，那就是必须注意自己说话的方式与方法。有些语言是不可以使用的，比如"你懂什么""你胡说"之类的。或许在吵架的时候，你们可以换一种说话方式，比如"我不同意你的说法，我的想法是这样的"，或者"你没有明白我的意思，我的本意不是如此，而是……"。还有一点必须记住，无论你们使用什么语言争吵，都不要无休无止地说个没完，必须有结束的时候。连战争都有结束的时候，何况是夫妻之间的争吵。有人这样幽默地描述吵架："吵架时，家就成了硝烟弥漫的战场，所以你要尽量避免争吵的升级。如果你将炒好的鸡蛋作为武器扔出去，那么建议你尽量将它恢复原状，并可以说：'演习结束！休息吧！'"

吵架之后，哪怕这一次的争吵是由你的丈夫引起的，作为一个优秀的妻子，你也应该展现出自己的宽容大度，主动而真诚地道歉。这样，你的丈夫会为自己的错误感到羞愧，并且真心感激妻子的包容。当然这样的道歉也要遵循一定的技巧，首先你必须明确的是自己并没有犯错，同时你也要认识到自己不对的地方，否则他不至于生你的气，但是你仍然可以坚持自己是对的，只是不要明说。等到真诚的道歉之后，你们达到和解了，就可以讨论一下如何避免吵架，仔细分析一下彼此的"沟通"为何失败，如此你们便能够达成共识，并在以后得到改善。

作为女人，有一种情况是必须明白的：假如你们的婚姻失败了，女人想要再婚的可能性是很小的，因为不可能有大批好男人等待着任你选择；更何况和你年龄相仿的男士，很少有人还是单身了。然而对你丈夫来说，情况就大不同了。他如果与你结束了婚姻关系，就会有很多单身女性供他选择了。假如你的丈夫富有魅力，且风度翩翩，那么他随时都可以找到更年轻、更具魅力的女士陪伴。假如你充分了解到了这样的处境，你就可能会学着控制自己的脾气，不要再对你的丈夫横加指责、叫嚷、乱发脾气了，而是要时刻真心诚意地对自己说："我非常非常幸运拥有了自己的丈夫，因为他娶的是我而不是娶别的女人。"

工作与家庭产生冲突

现代社会中，女性不必出席一些无关紧要的聚会，她们可以和男士们一样出门工作，拥有自己的事业。但是问题也会随之而来，因为女士们的职业总是会与家庭发生冲突。如果你放弃了自己的事业，必定会给丈夫带来一些好处，可是你会为了他而放弃自己的工作吗？不管你愿不愿意，都可以在一定程度上帮助自己的丈夫。

帮助丈夫获得事业上的成功，本来就是一项难度非常大的工作，它需要妻子投入很大的心力，还需要许多专业精神。除非你之前就感到了帮助丈夫成功的重要性，而且愿意为此投入巨大精力，否则你是不会成功的。

金发碧眼、聪慧迷人的查泰·威尔士女士，在与威尔士先生结婚之前就拥有一份令人羡慕且成功的职业。但是后来发生的一件事情扭转了她的想法。

威尔士先生是当时小有名气的冒险家，而查泰女士则是一位广播演讲经纪人。因为工作的缘故，他们两个相识并相恋了，且很快举行了婚礼。结婚三个月之后，威尔士便要动身前往位于俄罗斯和土耳其的阿拉拉特山进行探险。新婚燕尔的两人不得不分开。

威尔士夫人原本希望自己能在婚后留在家中，并且继续从事喜欢的工作。但是随着丈夫出行日期的临近，威尔士夫人感到无法离开丈夫的身边，于是毅然放弃了自己的工作，决定随丈夫一同前往阿拉拉特山。威尔士对于妻子放弃心爱的工作很不理解，并且告诉自己就这一次，下不为例。等他们回来之后，就让查泰女士继续从事她的经纪人工作。

这次的探险，可以说是惊险而又刺激，直接促成了威尔士先生完成了畅销世界的作品。查泰女士按照她原本决定的那样，再次回到了自己的工作岗位。但是此时的威尔士夫人发现，经纪人这个职业与那次的探险相比，真的是微不足道。她满脑子都是阿拉拉特山那次美妙的探险之旅。一年半后，威尔士夫人再次跟随丈夫出发，大部分的时间，威尔士夫人都必须忍受饥饿和寒冷，但她却对此充满了激情。

墨西哥的帕帕尔提波特尔山上寒冷的飓风，吹走了查泰女士曾经热爱无比的经纪人工作。这样的经历使查泰女士深切地体会到，自己的工作即使做得多么成功，也比不上威尔士太太的身份有价值。当威尔士夫妇从墨西哥归来之后，查泰女士便彻底关闭了自己的工作室。

查泰女士现在的职业就是威尔士太太，她把大部分时间都用来陪伴丈夫，他们随时都可以去领略地球最末端的景色，这也是她所热衷的事情。他们的足迹遍布世界每个角落，从日本到冰岛，从马来西亚的丛林到非洲的草原，再到克什米尔的山谷，他们的生活过得丰富而多彩。

"现在回想起来，我原先的想法是多么的孩子气，居然会认为自己的事业重于一切。我之前的生活多么乏味，和探险相比简直是不值得一提的。现在的我非常快乐，因为能够和丈夫分享同样的爱好，我们共同享受成功的喜悦，同时也一同克服困难。对于我而言，这辈子最大的奖赏，就是我的先生在《卡特普》书上的致辞：'谨以此书献给我最好的朋友、亲爱的妻子查泰。'丈夫的这句话让我感到了无比的荣耀，任何一种成功都无法与它相比。"

　　查泰女士改变自己决定的方式充满了戏剧化，但这个决定无疑是十分明智的。许多专家在研究之后都指出：增强丈夫的幸福感与最大利益，对于一个女人来说，正是最有价值的职业生涯。

　　当然我不能忽略那些因为种种原因，而不得不到外面从事劳动的妻子以及母亲们。而且我要向她们致以我最崇高的敬意。我相信，当代女士们都具备维持生计的能力。

　　但是，我们在这里讨论的只是妻子帮助丈夫成功的各种方法。在你运用这些方法时，千万不要忘记协助丈夫全身心地投入到工作中去。如果妻子把她的努力全部都放在自己的职业上，她就无法分出额外的精力来为她的丈夫助力了。

　　所以，如果你的工作和你先生的幸福以及最高利益产生了冲突，最好的选择，就是做到平衡。

不平凡的女人和非凡的男人

　　有这样一对夫妇，妻子逼迫丈夫放弃他热爱的工作，只因为她无法忍受丈夫总是在夜间工作。这位先生是一个管弦乐队的演奏家，薪水也非常高，而且他也十分热爱这份工作。可是由于音乐会通常都是在晚上举行的，所以他上班的时间大部分也定在了夜晚，这使得他的妻子无法忍受。最终，她成功说服丈夫放弃了这份工作，去从事一份推销员的工作。因为丈夫对推销员的工作不熟悉，所以薪水也很少。就这样，他不仅失去了心爱的工作，也为婚姻生活埋下了隐患。

　　有些男人的工作时间很特殊，这就要求太太们必须适应丈夫的作息安排。比如那些计程车司机、铁路、轮船或是飞机工作人员，他们都很需要自己的太太能够适应他们的时间安排，也只有适应，才能使他们的婚姻更加美满。

演艺人员也是工作特殊的一群人。在娱乐圈，也有很多太太无法适应丈夫的工作，而最终导致了分道扬镳。

如果你的先生在职业上有特殊需要，那么作为妻子的你就要树立起这样的观念，你接受丈夫，就必须一并接受他的职业，这可能意味着你必须放弃一些事情。此时的你，一定要坦然面对这种状况，接受这些情况，并且尽自己最大的努力，维持家庭的稳定，并且快乐地生活。

当你在人群里看见那些手里捧着玫瑰花，来去都有皇家马车接送的优雅贵妇们时，你的眼中是否充满了羡慕？你是否想过跟她们调换一下位置？

很多女人从小就有这样一些梦想，她们羡慕那些影视明星、歌手、作家或是艺术家的妻子，因为在那些女孩的眼中，这些丈夫的职业都是如此迷人。比如我，在16岁的时候还幻想着嫁给一位探险家。现在回忆起来，那时候的我以及跟我有一样想法的女孩是多么的幼稚。想要做这些人的妻子是相当不容易的，她们所承受的压力并不比她们的明星丈夫小。做名人的妻子并不是单纯地在摄像机前摆摆姿势就可以了。

罗威尔·托马斯夫人的例子，相信可以让那些喜欢幻想的小姑娘们清醒一下。她的丈夫就是一位名人，不仅是著名的新闻广播员，还是作家、探险家、大学教授、运动员、投资者。他有多重身份，笼罩在他身上的光环不计其数。我想，大概这个世界上没有谁比他更有名了。这位先生待在喜马拉雅山上的时间，和在新闻摄影机前的时间一样多。我想如果你作为他的太太，大概也无法忍受一年也看不到丈夫的脸吧。

但是托马斯夫人却是一个伟大而充满魅力的女士。如同一只变色蜥蜴那样，时时刻刻都在按照丈夫的需求而改变自己。1915年左右，罗威尔先生要到世界各地去举办演讲，演讲内容大多是"阿拉伯的劳伦斯"以及"艾伦比在巴基斯坦的战役"。而这时的托马斯夫人也没有闲着，她随着丈夫一道周游世界，充当了丈夫的助理经纪人，并照顾着丈夫的起居，另外她还积极地为伊斯兰教徒的祈祷谱曲。

当他们回到美国定居后，托马斯夫人比之前更加忙碌。她每天都要招待从各地专程前来拜访她丈夫的客人们。这些人可都不是什么小人物，几乎全都在丈夫的书中出现过，有运动员、探险家、宇航员以及其他杰出人物。托马斯的家中从来都是宾客不断、热闹非凡的。这位夫人每隔几天就要准备一场 50 人到 200 人的宴会。

有时候，丈夫的出行是不方便夫人跟随的，每到这时，托马斯夫人就会变得十分忧虑，因为没有妻子在身边的丈夫很容易发生意外。有一次，罗威尔先生在经过西班牙安达卢西亚沙漠的飞机上发生了意外，托马斯夫人只能在家中焦急地等待电话。最为严重的一次，是罗威尔先生在西藏发生了意外，幸而得到了当地居民的帮助，才使得罗威尔先生免于一死。在丈夫发生意外时，她除了焦急地等待电话，什么也做不了。哪一位女士能够承受这样痛苦的折磨呢？

最近几年，他们的小儿子小罗威尔，也要追随着父亲的脚步去开始冒险的征途了。如今托马斯夫人的担心又多了一重，那就是又要等待他们的儿子的消息了，不是在靠近提波多的法军前哨，就是在毛毛族人暴动高峰的肯尼亚，到处都有她儿子的身影。

这时的你，还会觉得做一位像托马斯太太那样的夫人是一件幸福的事吗？只有那些不平凡的女性才配得上非凡的男士。

希尔德·麦凯丁夫人也是一位非常不平凡的女士。她的先生麦凯丁先生，是马里兰州的州长。麦凯丁夫人具备了所有女性的优点，她出身名门，文静高雅，气质高贵，可以说是一位完美的妻子。但是这位夫人却说，有的时候她也并不舒心。尤其是他们刚搬到州政府官邸的时候，一切环境都是新的，生活发生了彻底的改变。丈夫忙着处理各种政府事务，这位太太几乎看不到自己的丈夫。

"只有在我陪着他旅行到城外很远的地方时，才能让我感到舒服一些。"麦凯丁太太说，"这真是一件令人开心的事情，我们在那样的旅行中享受到的乐趣，比整天腻在家中的夫妻还要多。在去演讲的路上，我们就像度假一样，共同享受发生在旅途中的每一件事，这样的感觉十分奇妙，让人很是兴奋，这也是我最难忘、最珍贵的回忆。"

像罗威尔和麦凯丁这样的男士无疑是幸运的，他们拥有温柔而善解人意的太太，她们为丈夫带来了荣耀，并且毫无怨言地应对各种问题。

如果你的丈夫也拥有不平凡的职业，当他的职业给你们的婚姻生活带来了不便时，不妨来看看以下的建议。

（1）每个人都具有一定的忍耐力，如果忍耐花费的时间并不长，我们不妨忍耐一会。

（2）假如丈夫的工作情况要一直持续下去，那么你最好找到一个解决的途径，就像麦凯丁夫人那样。

（3）假如你们的婚姻情况因为你丈夫的工作，而显得不容乐观，那么你一定要时刻提醒自己，丈夫与你是一体的，他的成功也等同于你的成功。假如目前的工作对他来说十分重要，那么你就应该学着接受这样的情况。如果你因为无法接受丈夫的工作而离开了他，那么从法律的角度来说，你的行为就构成了抛弃，而从道德的角度上来说，你这样的表现体现了一种感情上的缺陷。

（4）要记住，在这个世界上，没有一种职业是完美无缺的。任何一种工作都必定存在一定的优缺点。对于自身就很挑剔的人而言，即使让她处于最理想的环境中，她也会忍不住会挑剔。

有效解决问题的办法

婚姻中产生的矛盾并不可怕。家庭生活本来就不简单，会产生一些复杂的纠纷也不稀奇。但是发生了这样的情况，有一点是需要注意的，那就是清官难断家务事。我们在解决婚姻矛盾时，最好不要听取陌生人的意见。因为陌生人的意见往往是不着边际且容易引起误会。

当你和丈夫产生了矛盾时，请尽量将失态在内部解决，不要让局外人掺和进来。局外人并不能产生好的影响。所以，即使局外人帮助你们解决了问题，家庭重新和睦起来，你往往也不想再次见到这个人。

事实上，局外人掺和到别人的婚姻问题中，是非常不适合的。因为作为局外人，绝对不会比当事人更清楚当事人的问题究竟出在哪儿。有时候他们的矛盾仅仅是因为一些鸡毛蒜皮的小事。有时夫妻双方都是公认的善良的人，但是他们组合到一起却很容易引起爆炸反应。遇到这样的情况，在外人看来，通常会认为是脾气暴躁的人的错。但是有时候事实却并非如此，在外人看来既能干又老实的人，在家里却可能是一个魔鬼。一个局外人怎能了解到真实的情况呢，外人又怎么能够正确评断出夫妻矛盾中过错的一方？就是有这样的男人，他们在外人面前表现得彬彬有礼，大家对他的印象都非常好，都把他看成是一个十全十美的绅士，因此每当他与妻子发生争吵时，外人都会把责任推到他妻子的身上，他的妻子也要为此蒙受不白之冤。后来真相大白，原来这个男人在家时就是一个恶魔，他总是设计出一些计谋给妻子造成巨大的痛苦。因此，事情往往不是外人所想的那样。

让外人，不管是朋友还是亲戚来参与解决你们的婚姻矛盾，并不是一个明智的决定。因为在大多数情况下，外人都产生不了良好的作用，有时候甚至越帮越忙。外人经常会在不清楚事实真相的情况下，偏袒那些引起争吵的人，相应地也就冤枉了无辜的一方。

　　离婚对于婚姻生活来说是非常重要的内容。离婚一直是比较棘手的问题，难以完善处理，并且处理不当的话，还会对当事人双方造成各方面损失。在文明的国度里，对于文明人而言，最好的离婚方式就是双方共同理智地解决问题，和平分手。这样就不会使离婚陷入困境中，也不会出现不必要的开销。

　　当夫妻双方感觉已经无法共同生活，或是没有必要继续维持婚姻时，那么最好的选择就是离婚。也有的人会选择分居，但是有时候离婚比分居更好。因为离婚的人自由更多，双方都有权利去开始新的生活。如果你们有了小孩，那么在离婚时就要多考虑一些孩子的抚养问题。如果你们恰巧没有孩子，或是孩子刚几个月大，那么夫妻双方只需要重复申诉就可以办理离婚了。

　　有的夫妻虽然婚姻关系破裂了，甚至彼此都认为在一起生活是比较困难的，但是事情有时还是会出现一些转机。也许在经过了一两个月，或是一两年之后，这对夫妻经过了磨合以及协商，又能够生活在一起，并且过上幸福快乐的生活。因此，一定要小心对待离婚这件事，如果你们都认为还有弥补的可能，就不要轻易在离婚协议上签字。

　　人与人之间难免会产生矛盾，不吵架的夫妇是不存在的。有的夫妻很会吵架，吵架之后问题便能够得以解决，双方的感情反而会更加坚固，甚至恢复到蜜月时候的甜蜜。有的夫妻把婚姻想得太简单，轻易就提出了离婚，视婚姻为儿戏，往往在离婚后很快就反悔了。离婚后的生活虽然平静而自由，却也让他们怅然所失。

　　离婚并不是一件容易的事，它牵扯到生活的方方面面，还有许多其他的人。假如你们之间已经没有感情，且每天争吵，不懂得尊重对方，那么你们的缘分可能已经尽了，没办法再挽回了，这时候离婚对你们来说就是最好的选择。不仅对于夫妻来说是好的，对孩子来说也是如此。我想，让孩子在争吵的环境里成长，对孩子而言才是最大的残忍。

但是，如果你们的问题仅仅是性情不合或是意见不统一，那么千万不能草率地结束掉婚姻关系。也许冷静下来之后，分析出原因来，你们的关系就能够得到改善。离婚不必急于一时。

如果经过了努力，仍然无法维持婚姻，并最终选择了离婚或是分手，那么你需要注意以下几点。

NO.1　正视你的情绪

当你们的婚姻关系发生问题时，无论你们是打算维持现状，还是决定分居，甚至离婚，你都势必要产生焦虑的情绪。这样的情绪会使你非常痛苦，并逐步增强。此时我对你的建议是，当产生了忧虑的情绪时，一定要面对它，不要感到大惊小怪、手足无措，你没有必要认为这是性格中的缺陷，而对它耿耿于怀。这仅仅是因为你余怒未消，压抑在心里，自然会产生出忧虑甚至恼怒的情绪。

NO.2　听从专业人士的意见

假如你们对于离婚还是分居的决定并不确定，那么不妨听取专业人士的意见，也许他们能够解答你们的困惑，或是为你们提供一个不错的建议。

NO.3　适当宣泄心中的怒火

如果人们总是把事情压在心里，必然会使自己超负荷，如此无论对你的心理、还是生理都是十分有害的。你越是将怨气埋在心里，忧虑就会越多，最后便会导致你痛苦万分。忧虑是自我压制以及欺骗的最大表现。你或许可以找一个可靠的人倾诉不满，将心中的怨气发泄出去，或者干脆大哭一场，释放出心中的痛苦情绪。

每一个人都有适合自己的、宣泄情感的途径，这与你的性格和习惯有关。而我现在能为大家提供的，只是一些宽泛的方法，而适合你的是哪一种，还是要靠你自己去尝试。如果你认为大喊大叫有失淑女风范，并且你也不愿意那样做，那么不如尝试一下别的方法吧。你可以选择参加一些活动，比如外出旅行，或是长时间地骑自行车，这些都可以帮助你减轻痛苦。

NO.4　努力创造独自生活的可能性

结束婚姻关系，就意味着你们的生活将有新的开始。现在，你不能在每件事情上都依赖他了，你必须学会独立生存。告诉自己"我完全可以做好，不需要依赖他"，"我用不着事事都征求他了"。不要害怕独立。在某些情况下，你必须进行自我抗争，由一个小鸟依人的太太，变成一位独立的女士。你的确需要为此付出很多努力，你可以从书中学到一部分知识，或是从他人那儿借鉴到部分经验，从而学着独立，将一切事情处理好。你不一定事事都能成功，所以也要做好失败的心理准备。

NO.5　摒除不切实际的幻想

也许你对于自己能够独立生活感到满意，甚至还很期待。也尽量去结交新朋友，期望走出上一次不幸婚姻的阴霾，但是不要期望会有某位男士立刻帮你渡过难关。尽管有时候奇迹也会突然降临到我们的身边，但是这样不切实际的幻想还是少一些比较好。

NO.6　离婚后也要做一位好母亲

离婚并不意味着跟过去切断所有联系，假如你是一位母亲的话，离婚后也并不会很轻松。如果你们协商好怎样照看孩子，那么在属于你的时间里，就一定要继续做好母亲的角色。你要安排好一切，让孩子们和再婚的父亲见面及相处。尽管已经离婚了，父亲也有照顾孩子的义务，你也应该适时地提醒一下前夫，这个周末轮到他照看孩子了。

NO.7　你的未来由你决定

过去的回忆固然震撼，对于现在而言却已经失去了效力。目前最重要的，是你对未来的想法。你在未来想做些什么，有什么打算？你会找工作吗？你想结识新朋友吗？你要不要趁现在培养一些爱好？还是打破条条框框，好好安排一下自己的生活？如果你已经有了孩子，你还要考虑孩子的安排，在让自己快乐的同时，也让孩子得到幸福。我们很清楚，你不愿意回想以前痛苦的日子，但是这些痛苦已经转化为你的经验了，它会对你的人生起到很大的帮助，只要你做好了从头再来的准备。

NO.8　倾诉能够减轻你的苦楚

如果现在的你仍然无法从上一次失败的婚姻中解脱出来，仍然感到痛苦不堪，那么不妨跟其他女士聊一聊。可能的话，与她们组成一个交谈联谊小组，在进行了一段时期的交流后，你或许会从别人的经历中得到一些经验和处理方法，从而解决好自己的问题。另外，不妨考虑一下同与你有同样遭遇的人，共同生活一段时间，如此不仅能够减轻你在经济方面的压力，还能使你多一个互相帮助的伙伴，你们甚至可以共同照顾孩子。

NO.9　缓解你的情绪

当你感觉有些心烦意乱、茫然无措时，最好静下来充分休息一下，避免受到其他事情的打扰。如果时间充裕的话，不妨去看一场轻松的电影，或是听一场音乐会，以舒缓自己紧张的情绪。

NO.10　工作的希望也许会落空

假如你已经准备好重新出发，决定先找一份工作大干一场，注意千万不要心急，尤其在你的面试官面前更要注意。你的雇主肯定不喜欢你以照顾孩子为借口向他请假。没有人愿意自找麻烦，所以要注意你的措辞和态度。

生活中总会有意外发生，尤其对于那些想要重新开始的人。因此，你既要做好迎接机遇的准备，也要做好失败或是计划落空的准备。当机遇来临时，要全力以赴去争取；当计划落空时，也要记得对自己说："没关系，明天又是崭新的一天。"

NO.11　争取和孩子多在一起

如果你在之前的失败婚姻中，失去了对孩子的抚养权，那么与他们在一起的时间就变得十分珍贵了。如果你不想彻底地失去他们，或是让孩子们失去母亲的话，那么就请珍惜你们在一起的时光。如果计划好了这个星期带孩子们出去郊游，那么就要及早为此作出计划和安排。不要一味地待在家中等候他们，要做一些积极的准备。

NO.12　你的前夫必须承担一些责任

离婚或是分居的你，如果想要在这段时期学习一门技艺，不要忘记了你的前夫或者分居的对象也有承担你一部分费用的责任。毕竟多年以来，是你一直在照顾孩子、照看家庭，所以才一直没有机会完成自己的梦想。

10

第 10 章
女人要对自己好一点

　　我们从神话寓言中知道，夏娃取自亚当的一根肋骨。于是，女人便围绕着这根肋骨开始了她的一生。柔弱的她们成为父亲贴心的棉袄，成为丈夫休憩的港湾，成为儿子永不倒塌的支撑。她们没有抱怨，不曾后悔。但是清净之后，心底仍会有那么一点失落。因为，当我们在心底善待了每一个人，却唯独忘记了自己……

最重要的是自己

　　女人往往在生活中失去了真正的自己。在结婚之前，她们是父母的乖女儿，结婚之后则是丈夫的好妻子、孩子的好母亲。在生活中丢失了身份的女人时常抱怨，是环境迫使女人放弃自己，是环境剥夺了她的权利，女人的人生也成了别人人生的附属品。事实上，这只是一种软弱的借口。

　　女人选择成为什么样的人，必然与社会环境有很大的关系。但是，环境只能间接影响到你，而不能直接改造你。你完全有能力避免受到环境的影响。你之所以能够成为现在的自己，完全是自己选择的结果。即使女人天生软弱、手无缚鸡之力，即使社会为你准备的大环境并不乐观，即使你在被动的劣势环境中，被他人控制了所处的环境或肉体，但是这个人改变不了你的态度。

　　你内心的态度决定了今后的形成方向，你的选择会把你的生活带到另一番天地。

　　"一个人永远生活在由他自己的思想、信仰、理想和哲学所创造的环境中。"这句话让我们看到了个体的重要性，个体的态度决定了你是谁，和你能成为什么样的人。无论男女都不能低估态度的重要性。态度可能是你最好的朋友，也可能是你最强的敌人。它决定了你人生的高度。

　　斯曼莱恩·布兰顿博士在他的作品中这样写道："适度的自爱是健康的体现，适度的自重对工作和成功都具有很大的帮助。""爱自己"也就是重视自己，它是健康生活的体现，这当然不能理解为自以为是。《刺激与性格》的作者马斯洛是心理学博士，他在这本书中提到了人类需要"接受自我，要自然舒放、自我接受、直觉冲动、自满自足。"

一个成熟且看重自己的人，是不会有时间去想哪些方面不如他人的。

成熟的人不会整天忧愁自己没有比尔·史密斯的自信，或者是缺乏吉米·琼斯的积极态度，他总是能够及时地做出自我评断，清楚了解到自身缺点，他也清楚地知道自己的基本目标和动机，然后他会花费精力去改进自己，而不是一味忧愁哀叹。

有人提出这样的问题，喜欢自己与喜欢别人是否同样重要？答案是肯定的。心理学家认为：如果我们连自己都不喜欢，又如何去喜欢别人？仇恨一切事物和他人、厌恶和虐待同类的人，必然也会对自我表现出强烈的厌弃。

的确，我们也许无法改变风吹来的方向，但是我们可以改变手中的风帆，选择持有的态度。女人，如果你期望在生活中做自己，首先要树立的态度就是重视自己。

几年前，我的一位女学员就有过这方面的疑惑。这位太太的丈夫是一位雄心勃勃的人，对事业十分积极进取，做事独断专横。这对夫妻的社交圈子都是由与丈夫类似的所谓名流人士组成的，这个圈子喜欢用社会地位来衡量一个人的价值。这让这位文静的太太感到十分的压抑和自卑。参加的活动越多，越发地让这位太太感到自己的微不足道。周围的人根本不懂得欣赏她身上具备的优秀品质。渐渐地，这位太太变得越来越压抑，失去了应有的自信，因为她总是认为周围的人是用异样的眼神看她，她认为自己无论如何也达不到他们的要求。她也越来越不喜欢自己了。

其实，这位女学员大可不必这样委屈自己来适应周遭的环境。此时她要做的，就是愉快地接纳自己、看重自己，并忘掉这样的压抑。她应该明白每个人生来都是有用的，每个人都应该按照自己的性格去做事，而不是照搬别人的套路。

对于这位女学员而言，重新塑造自己的第一步，就是不要再用他人的标准来衡量自己，一定要建立起自己的价值观，并且毫不犹豫地将它应用到自己的生活中去。

另外，她还要习惯独处，少做那些没用也没有必要的自我批评。

轻视自己的人总是不断挑剔自己。虽然我们承认适度的自我检讨能够促进进步，是富有建设意义的，但是绝不能让这样的挑剔成为心理上的一种强制，否则就会让我们陷入到困境中去，从而阻碍了我们积极的行动。

一篇演讲、一个人或是一件艺术品的成败，往往不是由一点点的瑕疵所导致的。

在莎士比亚的剧本里，历史和地理方面的错误比比皆是，可是谁又敢蔑视这位戏剧史上最璀璨的明珠？狄更斯小说中的某些段落也很煽情，但是谁又能拒绝他书中的诚挚？谁会在意那些无关紧要的问题呢？这些伟大的作品仍然是长盛不衰，且闪耀着光辉。它们的优点遮盖了所有的瑕疵，这些瑕疵也是可以被忽略的。

同样，在人际交往中，我们往往需要考虑的是，这个人有哪些优点是值得结交的，而不要一味地盯着他的不足之处。

在尝试喜欢自己的过程中，首先要培养出接纳自己缺点的气量。当然，你不能以此作为降低标准的借口，任由自己变得懒散或堕落。

你要知道，在这个世界上没有完美无缺的人，因此苛求他人达到完美是不符合实际的，而苛求自己达到完美也未免太过勉强了。

几年前，我在一个组织里遇到了这样一位女士，她堪称是追求完美的典范。凡是由她经手的事情必须达到尽善尽美。但是，在很多人眼中，她办的事却很少有能够成功的，比如一份无足轻重的报告，她也要斟酌几个晚上才能修改；演讲的时候，她也会为了一些无关紧要的问题而毫无休止地纠缠辩论不已，直至把听众都弄烦了；她的家中从来都不欢迎那些不速之客的到来；举办宴会时，她也会事先安排好所有的细节。

这位机械式追求完美的太太，花费了大量的心思，想要做到毫厘不差，却为此失去了欢乐。这样的完美非但不会让人羡慕，反而引起了别人的反感，真是得不偿失。要求自己不断追求完美，其实是一种近乎冷漠的自负。这样的人无法容忍自己与周围的人一样，要求自己一定要赶超别人，一定要引起他人的瞩目。她们不是将精力放在如何把事情做好上面，而是把精力和时间都放在了如何超越他人之上，如何把自己置于完美的框架中。完美主义者，在我看来有时候都是一些自讨苦吃的人。因此，不要对自己太苛刻，如果能偶尔停下来做一番自我解嘲的话，你也许就能更看重自己。

我先生曾经提出这样一种观点，即每天给自己留出一些独处的时光。在这样的时间中，承受一部分的孤独，对于尝试看重自己的人能够发挥极大的帮助。马里兰州的巴尔的摩谢尔顿精神病学会董事里奥·巴蒂梅尔博士曾说："在过去，人们习惯于在夜晚睡觉之前反省自己当天的所作所为。现在看来，这种方法也不失为一种善待他人和自己的好方法。"

如果我们连自己都无法忍受，就更别指望别人来忍受我们了。

"忍受不了独自生活的人，就如同被风吹拂的池塘，风不停歇，就永远无法得到平静，更不能施展出自己美好的一面。"

"我既不崇拜偶像，也不信奉鬼神。我唯一的信条就是坚信自己肉体和精神的力量。"这是一条充满了力量的格言，也是女士们应该信奉的格言。女士们应该相信自己内在的帮助，必然会使自救者兴旺发迹。首先要做好自己，才能让你的父母、丈夫、子女以及兄弟姐妹得到快乐和幸福。让真实的幸福降临的唯一途径，就是做自己，重视自己，做个人命运的主导者。

记住，你才是最重要的。

丢掉忧虑

性格特征可以由思想来塑造，我们的命运也完全取决于个人的心理状态。"一个人就是他一直想象的样子，他怎么可能成为另外一种样子呢？"爱默生曾这样说。

我现在可以肯定的是，我们遇到的最大问题，就是如何选择自己的思想，其实也可以将它看作是我们应该面对的唯一的问题。马尔卡斯·阿里流士这位罗马时期的哲学家曾经说过："生活是由思想形成的。"

确实是这样，如果我们脑子想的事情都是快乐的，那么我们就会变得快乐；如果我们心中充满了忧伤，那么我们也只能表现出忧伤来；如果我们的心中充满了恐惧，那么我们就会因此而变得怯懦；如果我们满脑子都是不好的念头，那么我们就无法获得平静了；如果我们所想到的全是失败，那么我们就不敢追逐成功；如果我们的心中全是自哀自怜，那么所有的人都会离我们而去。

得出这样的结论，并不是暗示我们必须用盲目的乐观态度去面对所有问题。但是，我还是鼓励大家要尽量采取积极乐观的态度，而不是消极抗拒的态度。也就是说，我们必须关注眼前面临的问题，但却不能因此而忧心不已。那么关注与忧虑之间的区别到底是什么呢？举一个简单的例子，我们当时正要穿越纽约市拥挤堵塞的交通，我对这件事很在意，但是我却并不感到忧虑。在意指的是了解问题的症结所在，然后平静地找出解决的办法，而忧虑则是指原地不动地疯狂转圈。

法国作家蒙田说过："一个人因意外事故所受的伤害，远不如他对事故所拥有的见解深刻。"这句话也是这位作家的人生座右铭。我们对事物的各种见解，往往取决于我们如何做出判断。当你饱受各种烦恼的侵扰而感到紧张不安之时，我应该大胆地告诉你，你完全有能力凭着自己的意志力来转变心境。不错，我一定会这样告诉你，并且还会告诉你要怎样做，这可能要耗费你许多精力，但是秘诀其实非常简单。

"行动似乎总是伴随着感觉而来，事实上，行动和感觉是同时发生的。如果我们能够找出被意志控制的行动的规律，那么，我们也就能间接地使那些不受意志控制的感觉规律起来。"实用心理学家的这句话也许难以理解透彻，我们不妨换一句话来说：我们不应该只靠"下决心"来改变自己的情感，我们完全能够通过改变自己的行为来转变情感，同样，在我们改变行为的同时，感觉也自然而然的会被改变。

我们不妨试一下这种简单办法的效果。现在就露出一个开心的笑容，然后挺起胸膛，做一个深呼吸，哼一段小曲，假如你不会哼，就吹吹口哨，很快你就会发现心理学家们的意见是多么的正确了。当你能够用行动表现出你的快乐时，就一点儿也不会忧虑了。这也是大自然的基本定理之一，它能为我们的生活带来无尽的奇迹。

我认识一位加利福尼亚的妇女，我在这里没有必要提到这位太太的名字，如果她今天能够到这里的话，她一定也能够在一天之内解决掉所有的烦恼。

这位女士是一位年老的寡妇，这一点让我们所有人都感到遗憾。

她自己也是这样遗憾和不满的。可是，难道她没有尝试着让自己快乐一些吗？如果你问这位太太的感觉如何，她肯定会说："哦，还可以。"但是她的表面和语气却清楚地表明了，她是多么地忧愁与难过，种种迹象都在说明："哦，要是你遇到我这样的烦恼，就能明白了。"她这样的回答，似乎让人感到你站在她的面前都会让她感到厌烦。

其实有很多女士比这位太太的境况还要糟糕。她们虽然拥有了丈夫遗留下来的丰厚财产，子女们也都成家立业，并且能够赡养她们，但我却很少看到她们露出笑容。她会埋怨三个女婿对她不好，可事实上呢，她每次去女儿家都会住上好几个月。她还会抱怨女儿们从来不送她礼物，但她也从来不舍得付出金钱，她说是要为自己的未来打算。

而对于这位太太不幸的家人而言，她的确是一位令人讨厌的家伙。其实事情不必成为现在的样子，她完全可以使自己从一个既忧愁又挑剔且不开心的老妇人，变成一个受家人尊重和爱戴的成员，只要她愿意，她就能够做到这一点，而不用再那样自哀自怜。她只需要高高兴兴地活着，就能拥有那样的生活。她应该学会把爱散播给自己的女儿及女婿，而不是总是念念不忘自己的不快和不幸。

还有一位住在纽约市的女士，她因为孤独而抱怨个不停，没有一个亲戚朋友愿意靠近她。假使有善良的亲戚前去探望她，她就要喋喋不休地对人说她从前对待自己的侄女是多么的好，在她们患病的时候，她一直都在照顾着她们，她供她们吃住，还资助其中的一位念了商业学校，而另一个侄女则一直和她生活在一起，直到成家。

那么，她的侄女们来探望过她吗？只有偶尔几次，也只是为了履行义务。她们都害怕来探望这位婶婶，因为她们每次来都要花费几个小时来听这位婶婶不停地说别人的坏话，还得忍受她那无休止的埋怨和自哀自怜的叹惜。后来，当这位女士再也无法威逼利诱她的侄女们来看望她的时候，她使出了自己的绝招——心脏病发作。

当然，这位女士并没有得心脏病，她的医生检查出她的心脏是非常健康的。但是医生们对她一点办法都没有，因为这位病人的问题出在情感上。她真正需要的是关注和爱，这位病人将这称之为"感恩报德"，但是她永远也得不到这样的情感，因为她采用的是逼迫的手段，并理所当然地认为那是她应得的。

应该还有很多像她这样的女人，她们因为别人的薄情寡义而感到自己被忽视了，甚至因此生病。她们希望有人来爱她们，但是我们这个世界唯一能得到爱的方法，就是不计回报的付出，而不是乞求。

让我们来听听威廉·詹姆斯说的话："通常，只要把受苦者内心的感觉，由恐惧变为战斗，就能够把生活中大部分所谓的邪恶转变为有所裨益的东西。"

让我们摒弃忧愁的人生，为自己的快乐而奋斗吧。我们可以设计一个每天都幸福的计划，从中感到快乐。其实早已有人为我们做好了这份计划书，名字就叫作《只为今天》。它是由 36 年前已故的希贝尔·帕屈吉制订的。我认为这个计划书的效果非常好，如果你能够照上面的要求去做的话，就一定能够消除大部分忧虑，从而使快乐增加。当然，我很希望与大家分享这样的好东西，我已经复印了几千份，及时发送给了那些需要它的人。下面让我们一起来感受这份计划书吧。

只为今天

只为今天，我要很快乐的生活。如果林肯所说的"大部分人只要下定决心，都能很快乐"这句话是正确的，那么快乐便是发自人的内心，而不是来自外界。

只为今天，我要让自己适应周围的一切，而不是让一切来适应我。我要以这种态度接受我的家庭、我的事业和我的运气。

只为今天，我要爱护自己的身体。我要多做运动、照顾自己、珍惜自己；不损毁它、不忽视它；让它能成为我争取成功的良好基础。

只为今天，我要加强自己的思想。我要学一些有用的东西。我不会去胡思乱想。我要看一些需要思考、需要集中精神才能看的书。

只为今天，我要用三件事来锤炼我的灵魂：我要为别人做一件好事，但不要让对方知道，我还要做两件我并不想做的事，而这就像威廉·詹姆斯所建议的，只是为了磨炼自己。

只为今天，我要做个受人爱戴的人，尽量修饰我的外表，衣着也要尽量得体，说话低声细语，举止优雅，丝毫不在乎别人的毁誉。对任何事都坦然接受，不挑剔，也不去干涉或批评他人。

只为今天，我要试着只考虑如何度过今天，而不期望去一次性解决所有的事情。因为，我虽能连续从事一件事长达12个钟头，但若要我一辈子都如此做下去，就会吓坏自己。

只为今天，我要制订一个计划。我要计划好每一个钟头要做的事；也许我不会完全照着去做，但还是要为此订下计划，这样至少可以避免两个缺点——过分仓促和犹豫不决。

只为今天，我要为自己留下半个钟头的安静，自在地放松自己。在这半个钟头里，我要想到神，他让我的生命充满希望。

只为今天，我的心不会再惧怕。尤其不会惧怕快乐，我要去欣赏万物的美，去爱、去相信我爱的人也会爱我。如果我们想培养平和而快乐的心境，就请记住这条规划：

"有了快乐的思想和行为，你就一定能够快乐。"

如果我们想要对自己好，就必须努力使自己拥有一个无忧无虑的人生，我们要培养快乐平和的心境，一定要记住这样一项法则：思想决定态度。当你拥有了快乐的思想和行为，也就拥有了快乐的感受。

培养兴趣爱好

想要成为一名优秀的伴侣，还需要诸位太太做到一点，那就是培养一些自己的家庭之外的爱好。

男人们如果在他喜欢的运动，或者事情上做几分钟的休闲娱乐，很快就能够恢复精力，以更加饱满的精力投入到工作中去，太太们也不妨效仿一下丈夫的做法，参与一些家庭之外的活动，这样能让你以更好的状态去完成家务事。

让我们感到疲惫的，并不是繁重的工作，而是生活的千篇一律、乏味和单调。

家庭主妇的工作就是这么单调。其实，主妇们的时间很充裕，大部分都是独处的时光。很多主妇都将这些独处时间，浪费在了电视机或是发呆上，若能够更好地利用这些休闲时间去参与社交活动，那么对这位太太的身心都是极有裨益的。主妇的选择并不少，参加一些消费者讲习会或是服饰介绍会、音乐会，甚至还可以参加一些慈善机构举行的志愿活动。诸如此类的活动，既能够消磨掉太太们的时间，还能让太太们从中增长一些见识，接触到新的观念。

沃尔克·G.福克纳太太就很懂得巧妙安排自己的生活。在她的小孩开始念书之后，她就拥有了大把的空闲时间，但是她并没有浪费掉这些时间，而是到圣鲁克圣公会教堂的学校进行代课，因为她发现自己在照顾孩子这方面有天赋，便自愿到那里的幼儿园带班。这位夫人如此写道：

"这份工作给我带来了许多惊喜。从前的我，对于家里的事情总是表现得过于严苛，不放过任何细节。而现在的我，则学会了宽容，也更富有爱心。我现在的生活内容很丰富，早餐之后送孩子们上学，然后我就去学校授课。我现在是那些孩子们的保姆，他们也离不开我。在星期三的晚上，我会陪丈夫和他的同事们去打保龄球。星期四晚上，我会去参加教堂的一个讨论会。这个讨论会对我也很有帮助。再加上每周我要代三天的课，工作表因此安排得满满当当。

"我发现这些家庭之外的活动，并没有为家庭生活带来任何不便，反而让我们在吃饭时拥有了更多话题。晚餐是全家人聚在一起的宝贵时间，我们聊各自的活动，大家都感到很快乐。我曾向大家讲过一个精神病人的文章，这个人的精神病是自小便患上的。那个时候，他的父母毫无顾忌地把餐桌变成了战场，他们在餐桌上争论有关金钱、利益以及任何事情。这个孩子便因此生了一种怪病，每当他想吃东西时，就会把吃进去的食物再吐出来。为了避免这样的悲剧，我们家便制定了一个规矩，晚餐是一个综合汇报的时间，我们只能够聊轻松而有趣的话题。我的这份闲暇时间的工作，也为大家带来了许多有趣的话题。

"这份工作让我的价值理念得到了很大的提升。我也不会为之前困扰我的一些小事发愁了，我学会了以宽容的心态，将精力放到有意义的事情上面。比如，如何把自己的家打造成一个充满和平与爱的天堂，使家中的每一个成员都感到愉快和舒适。"

这位太太只是利用一些空闲时间找到了一份工作，却为她的生活带来了极大的益处。同样，只要你能在不影响家庭生活的前提下，找到自己感兴趣的事情来做，也能够为你带来许多帮助。

至于选择做什么样的工作和事情，就要看你的专长和喜好了。不妨静下心来思考一下，自己很想做什么事。有时候你感兴趣的一些事情并不会花费你很多金钱。即使在最小的乡镇里也有很多有价值、有意义的事情。假如你找到了感兴趣的事情，就要立刻行动起来，把同样对这件事情感兴趣的人组织起来。

我的妻子也会经常参加一些活动。其中有一个是纽约莎士比亚俱乐部的活动，她说自己在这个俱乐部的获益颇多。在那里，她们经常探讨一些感兴趣的话题，比如谈论 400 多年前的世界，为我们带来一些新鲜的见解，而且也能让桃乐丝和我，在除了讨论牛排的价格之外又有了新的话题。

我曾多次提到过非常喜欢林肯总统，总是喜欢跟别人讨论这个伟人的生平，而桃乐丝则对莎士比亚具有无限的崇拜之情。我们互相学习、互相探讨对方心目中的英雄。在讨论的过程中，有时候也会发生争执，但是我们总能在其中得到许多乐趣。假如我们只是喜欢相同的事情，比如桃乐丝和我都非常喜欢林肯而对莎士比亚表现淡然，又或者是我根本不关心林肯而跟桃乐丝一样对莎士比亚充满热情，那么我们就没有讨论的余地了。由于有不同的喜好，我们才能拓宽对方的视野，给彼此带来一些有价值的东西。

在《婚姻指导》这本书中，作者萨姆尔和艾瑟·科林这样写道："结婚之后，夫妻就要过上非常亲密的生活，他们要共同完成每一件事情，结果就会使他们自己陷入一场旷日持久的单调之中，这样的关系只会让他们更加窒息。"他们在书中也提出了解决办法："培养不同的兴趣和爱好，可以促使双方关系得到改进，保持婚姻的新鲜和活力。"

这几句话，也的确是我想要告诉大家的。如果你的婚姻已经像一杯白开水那样淡而无味了，那么就赶紧给它加点佐料吧！思考一下自己有什么样的爱好，去参加自己感兴趣的活动，成为丈夫无话不谈的伴侣。

11

第 11 章
着眼于放大格局

爱，真是一个美妙的词语。书中早已明确告诉我们：

爱是恒久忍耐，又包含着恩慈。爱是不嫉妒。爱是不自夸。不张狂。不做羞愧的事。不求自己的益处。不轻易发怒。不计较人的恶。不喜欢不义。只喜欢真理。凡事包容。凡事相信。凡事盼望。凡事忍耐。爱是永不止息。

相处的学问

"有一个男婴正在世界的某个地方成长，他将成为我心爱的女儿一生相伴的男士。"这是我最喜欢的现代人之一——欧戈登·纳许在他的著作《献给女婴之父的赞美诗》中写的。

这句话带给你无尽的感慨与温柔的感动。我想大多数的父亲看着他们可爱的女儿时，都会发出这样的感慨。这是所有父母的期盼，也是值得我们讨论的。

站在女性的视角上来看，如果嫁给了一个任性而霸道的丈夫，并且与之生活一生，这种感觉无疑是糟糕透顶的，但是更为糟糕的是，没有男士与她一同生活，连一个喜欢她的人都找不到，她将要孤独终老。

既然男性占据了世界上的一半人口，那么应该如何与男性相处呢？

女人在生活中一定会接触到的男性包括，父亲、丈夫、儿子以及女婿、自己的男性朋友、上司、客户、追求者；当然还包括生活中不可避免要遇到的医生、律师、售货员、军人等。

男人和女人在很多方面都存在差异，这是毋庸置疑的。因此，如果女士能够学到一些与男士相处的技巧，那么对女士的生活就会起到重要的作用。那么女士们要如何做，才能得到男士的喜欢呢？

首先是要让人感到舒服，这是最重要的。关于这一点，我们也讨论过多次了。它的重要性不言而喻。

据调查显示，所有服兵役的男性都回答了这样一个问题：你希望得到什么样的婚姻？本以为每个人的答案都不会一样，但是这些穿着军装、无论是否结婚了的男士们的答案，却是惊人地一致。这份答案既不是让人想入非非的女性的身材曲线，也不是火爆激情的婚姻生活，而是简单、平凡、舒服的生活。这个答案是这样的平凡，甚至让人感到有些不真实，和人们想象中的差距实在是太大了，尤其让那些相信香水和化妆品广告解说词的小姐们感到困惑。

但是事实恰是如此，男士并没有像我们想象的那样热爱追求激情，显然在他们的心中，一磅的性感远没有一盎司的舒适感更具吸引力。既然如此，女士们为何还要整日流连于商店的化妆品和香水柜台呢？男士们需要的是舒适，那么我们不妨来研究一下，舒适的标准是什么？是温顺贤淑的名媛淑女，还是一个让男士的每一个器官和神经都得到充分放松的女士？

一些关于女性的研讨会，为我们提供了一些不错的建议。关于如何跟男士们相处具体有以下几点建议。

NO.1　随和体贴、心地善良的女士更容易得到男士的青睐

桃乐丝·狄克斯曾幽默地说过："男人们选择伴侣的首要条件是乐观的性格，毕竟他每天都要与这位女士共进早餐，没有哪位男士愿意和一个整天都板着脸、或是喋喋不休的女士吃饭，与这样的女士吃昂贵的牛排，都不如在祥和的氛围中吃粗茶淡饭。"

如果是在温和体贴、乐观向上的女性，和一个漂亮傲慢的妇女之间做选择，连单身汉都会毫不犹豫地选择前者。

多年之前，我曾经雇用过一位女职员，我实在不得不承认，这位女士的工作糟糕透了，她做出的回忆记录很不准确，打字的差错也很多。但是我从未想过解雇她，直到她结婚。我可以向大家解释，为何

我不解雇这位糟糕的女士。因为这位女士的存在如同阳光一样，她美好的性格使整间办公室都明朗了起来。哪怕遇到再大的困难，哪怕产生再多的牢骚和抱怨，只要有这位女士在，就能够得以化解，她真的犹如一束阳光扫去了漫天的阴霾。也正是由于这一点，即使她本身的工作是无比糟糕的，我也愿意付薪水给她。有时候我还会遇到这位女士和她的丈夫，我经常想，这位女士煮饭的水平恐怕也不会比打字的水平高多少，但是从她丈夫看她的眼神中，我能看出这位先生根本不在乎她煮饭的水平。他的整张脸都写满了欣赏和爱恋。

NO.2　解决后顾之忧

杰克·弗里克是美国高尔夫球公开赛的冠军，但是他曾经也有过一段艰苦的日子。当时他得到了两个市立高尔夫球场的特许经营权，一边需要掌握专利经营，一边还要加紧比赛的练习。这样的情况直到他与妻子结婚之后才得到改善。妻子替他照管高尔夫球场，于是杰克才能够专心投入到比赛中。

当杰克马不停蹄地在各地巡回比赛时候，莲恩就负责照顾他们刚满一岁的儿子克瑞德。对此，杰克笑着解释说："你什么时候看到过邮差带着妻子去送信？因此，莲恩也从来不跟我去球场。"但是即使莲恩不在杰克的身边，也还是会把所有的事情安排好，让他能够专心比赛，没有后顾之忧。

NO.3　倾听的重要性

几乎所有的女人都有这样一个问题——太唠叨。这也不是一个秘密了，几乎所有的男士都能够认同这一点。因为和女士们在一起时，他们往往没有说话的机会。

另外还有一部分女士却相反地走向了另一个极端。她们把倾听理解为默不作声。倾听也需要积极性，还要讲究倾听的"质量"。如果你是一位合格的倾听者，就必须兼顾许多方面。

倾听首先要做到注意力的集中。要注意你的眼神，千万不要飘忽不定，否则就会出卖你的专注。更不要做出拘束的举动，而且你的心思一定要完全集中在对方谈话的内容上，在别人说明他的企划案时，你的脑中满是明天逛街的事，就说明你根本没有听进去对方的话。在倾听时，表情也要保持自然，随着对方的内容产生变化，让演员入戏是舞台导演要解决的最主要问题，假如你能够使用同样的方法来训练自己，就一定能在这方面取得成功。

出色的倾听者一定能做到集中和配合。但是这样的配合并不等同于装傻。以前的女孩子，为了抓住男士的心，每当这位男士谈到在生意场上的成就时，便要表现出一种崇拜的神情："天啊，你真是一个了不起的天才！你的才情配得上每一个人的倾慕！"那时候，女孩表现出来的崇拜和男士们的满意度是成正比的。但是在现如今，这个理论早已显得太过滑稽了。因为现在的很多女士也是非常能干的，这些精明的女人若想要展示出愚蠢的女孩子式的神情并不容易。而且男士们也是有所长进的，他们把真正关心他的女孩，和装傻想博得他好感的女孩看得很清楚。因此，作为一个合格的倾听者，千万不要在男士需要倾听时，耍一些装傻的把戏。

在倾听的时候，你当然可以表达自己的看法，但是要把握适当的时机向对方表达。假如你赞同他的说法，就可以适时表示你的肯定，而不要用你的想法来左右他，毕竟你是一个倾听者。演讲永远不是一个人的演讲，倾听也同样需要互动，如此才能使双方的思想得以沟通。

一个合格的倾听者，不仅受到了男士的欢迎，也能获得同性的青睐，而且能够结交到更多的朋友。

NO.4　要有适应力

丈夫对妻子说："今天和老朋友吉米和玛贝尔一起吃晚餐吧，很久没有见过他们了。"妻子回答："好主意，不如把海伦和汤姆也叫来吧！"接下来妻子又想到了约翰和苏珊，还有苏珊的妹妹苏菲。苏菲还是单身，所以还要为苏菲找一个男伴，汤姆的同事皮特是不错的人选，接下来妻子就要去买些啤酒、脆饼以及奶酪。她要先打电话，在她换衣服的时候让丈夫顺便清理一下地板。这时，手拿着吸尘器的丈夫一定很后悔刚才的提议，他原本只是想安安静静地和吉米吃个晚饭，没想到却招来了一屋子的客人。

女士们做任何事情都不是一时兴起的，她们一定要经过周密的计划和安排才能实施。男士们也许永远都无法了解，为什么女人连看一场电影也要提前几个星期做好计划。男士的决定显然更具随机性，可是当他临时决定要到乡下度周末时，问题就来了，因为妻子会跟他说，她没有适合此次出行的衣服，也许他们可以将时间定在下个周末。

虽然大多数女性很讨厌这样突如其来的想法，因为这会破坏女士们重视的整洁有序。但是，换一个角度想想，去尝试一下新鲜的生活方式也不是什么损失。妻子的一句"好的，那我们就去吧"，显然比"好的，但是……"动听许多。

我认识的一位太太，在这方面就做得非常好。她的先生是一位短途旅行爱好者，这位发烧友常常会丢下业务给妻子打电话说："亲爱的，马上收拾行李，明天我们要坐最早的一趟班机去百慕大。"而她一放下电话，就会马上将泳衣放进行李箱，迅速将鹦鹉托付给邻居照顾，将这几天的约会全部取消。她真是一位适应力超强的太太。其实这也不难做到，只要稍微调整一下就可以适应了。

如果一个女孩子在最后时刻才接受男孩的邀请，那么我们可以从中得知，这个女孩子也许是不太受欢迎的，因为在最后的时刻才答应约会，几乎是承认没有其他的男士约她。不轻易接受邀请可能会给她带来好名声，但与此同时，她也丧失了很多的乐趣。其实就算这个男士先前约过别人也是无所谓的，至少他给我们提供了证明第二次的选择才是正确的机会。适当顺应一位男士的心情，是赢得男士倾慕之心的法宝。

男士们都是天生的行动派，当他们产生了一个想法时，恨不得立刻付诸实施。而女士们则经常因为无法适应男士的行程而感到苦恼。而拥有超强适应力的女孩子则在如何和男士相处的问题上占尽了优势。

NO.5 适可而止

我遇过这样一位女士，她事业非常成功，但她却说正是因为自己太能干，反而失去了一个不错的结婚对象。这位女士在公司担任着经理的职位，她将事业打理得井井有条。但在社交上她却并不成功。

"当我的男友刚把伞撑开，我就已经叫来了出租车；在电梯中，总是我去按电梯的按钮，吃饭时，我总是为他点肝脏和熏肉，因为他的血压不太正常。我们相处的那段时光，几乎所有的工作都是由我来做，他甚至没为我拉过椅子或是脱下外套。但他还是离开了我，我想可能就是因为我太能干的缘故。"她痛苦地说道。

有很多这样的女孩，她们不仅要做一位独立而事业成功的女士，还要在和男士打交道时，牢记自己是一个女孩，这实在是不容易。而且现代的男士，已经被社会宠坏了，他们往往要求女友是一位完美小姐，既有足够的魅力和聪明的头脑，还要在必要时为家庭做出很大的贡献。一些女孩子在刚与男士交往时，保持上述的完美小姐形象还不太难，上班时做一个得力的帮手，下班后与男友约会时再换作另一张面孔，害怕自己被约会对象认为是一台工作机器，而不是一个活生生的女性。

我太太在这方面有过惨痛的体会。那时的桃乐丝还很年轻，对政治很感兴趣，她将自己的热情全都投注在政治活动上。桃乐丝每天都向她当时的男友陈述某位法官的政见，兴致勃勃地让他发表对某位议员的看法。最后，他实在忍无可忍了，向桃乐丝抱怨说："假如我只是为了听某位官员的述职报告，我大可以给国会议员写信提出这样的要求。在我的眼里，你现在已经不是一个女孩子了，而是一张政治活动的传单。我才不需要什么传单，我只想要一个活生生有感觉的好女人。"从这位男士话语中，我们知道，女士们也应适当柔弱，即使你能力非凡，也不要在和男友约会的时候表现出来。

NO.6　做好自己

如果我们看到一个跟我们祖母一般年纪的女士，却穿着紧身衣，还把头发染成七八种颜色，脚上穿着十公分以上的高跟鞋，我们一定会感到滑稽可笑吧。这种固执地不肯正视自己衰老的女人是可悲的。这样的女人认为，只有年轻的女性才具有魅力，所以她会不惜一切地使自己看起来年轻。但是看到这样的搔首弄姿，大多数人只会更反感吧。

有时候，一些看起来很文静的女孩，会在宴会上放声大笑，或是做出一些出格的举动，很显然，这样的女士是想要成为宴会上的焦点，让大家，尤其是她心仪的男士注意到她。但是，现代的男士可没有我们想象中那样笨，他们自然能够辨别出真假来。

越是在平时很聪明的女士，越容易在这方面犯糊涂。她们认为神秘的女人才是男士们喜爱的类型，所以她们不停地变换穿衣风格，让男士们感到很困惑。这样的行为和想法是多么的幼稚和不成熟！与其费尽心力的讨好，不如做真实的自己，那样的你才会让男士更青睐。

当你懂得发扬自己的优点，克服那些不足时，就自然能够对男士们展现出你最佳的风采了。

NO.7　要为你是女性而感到庆幸

男人和女人不会因为性别不同而引发战争。我个人认为，提出"两性战争"这个名词的人一定是一个战争鼓吹者。因为，当一位女士认定这个世界上没有好男人时，她也就失去了被男士宠爱的机会。她会固执地认为自己受到了自然和社会的欺骗。

在与男人相处时，首先要承认你是一位女性，这个性别是值得你骄傲的。女人首先要乐于成为一位母亲，如此才能和女人达成和谐的关系。你要遵从女人在社会中的某些责任与功能，母亲在人类生活乃至整个发展史上，都扮演着重要的角色。很多中年女性周身都散发出迷人的成熟魅力。但与此同时，一些女士们却走向了极端，喋喋不休地抱怨自己的性别，散布那些"女性就是次等公民""造物者在创造亚当和夏娃时是多么的偏心"之类的言论。

诸位女士们，无论你们结婚与否，都要记住，你应该愉快地接受自己的性别。拥有成熟的心智这也是感情成熟的表现。假如没有这种基本的共识，那么男女之间就不会有幸福的可能，而婚姻，这个人生中最重要的领域，就会像某些极端者期望的那样变成战场。

为爱留出空间

与丈夫共同分享经历过的每一件事，或者共享他的喜好，固然可以让你们得到一定的快乐，妇唱夫随也是成功的一种表现。但是让男人们拥有一定的独立空间，有属于自己的兴趣和爱好也是很重要的。

安得瑞·莫里斯在他的作品《婚姻的艺术》中写道："如果夫妻双方不能做到尊重彼此的兴趣和爱好，那么他们的婚姻一定不会幸福。进一步说，假如夫妻两个人有相同的意见、相同的愿望以及相同的想法，那将是十分可笑和滑稽的。这样的事情也是不存在的，同时也是不受欢迎的。"

因此，聪明的女士要让自己的丈夫、或是男友保有自己的私人空间，她们允许男士在业余时间做自己喜欢的事情，比如集邮、钓鱼或者打高尔夫球等，任何男士们感兴趣的事情。在一些人眼中，也许是有点傻里傻气的，但是你千万不能轻视或者嘲笑他们，你不能因为自己无法领会他们的喜好就去嘲笑他们。作为一位聪明的女士，你要做的就是在一定程度上迁就男士们的某些爱好。

荷马·克洛伊先生是《威尔·罗杰斯传记》的作者，同时也是电影《威尔》的编剧，写这本书时，他常常住在加利福尼亚州的山塔·梦妮卡·罗杰斯的牧场中。

克洛伊先生告诉过我一些关于罗杰斯先生的事情。有一次罗杰斯突然想要找一把大刀，是那种做工粗糙，外表丑陋，但是极具杀伤力的南美大刀。罗杰斯太太不明白丈夫为什么想要得到这样一把大刀，也不知道他要拿这把大刀来做什么，她想也许丈夫一转眼就会把大刀忘到脑后了。因此，罗杰斯太太第一反应是劝告丈夫不要去买这把刀。

但是思考过后，罗杰斯太太并没有那样做，她迁就了丈夫的想法，甚至还亲自跑了一大段路去为丈夫买到了这把刀。罗杰斯太大将买到的大刀交到罗杰斯手中时，他就像得到了圣诞礼物的孩子那样兴奋。

其实，他之所以想要这样一把大刀是有特别想法的。他带着这把南美大刀去修理牧场周围的灌木丛，清理出可以供车辆和行人行走的道路。在心情烦闷时，他也会带上这把刀到牧场周围去大砍一通，以宣泄内心的情绪。几个小时之后，罗杰斯先生大汗淋漓地走出了灌木丛，烦闷的心情也得到了缓解，而牧场也变得更加漂亮了。

这位先生时常提起那把粗糙的大刀，说那是他这辈子收到的最好的礼物。而罗杰斯太太也为那时没有阻止罗杰斯先生的想法而感到庆幸。

我想，实在不能想出更好的方法，比拿起大刀砍灌木丛更能让罗杰斯先生宣泄自己的情绪了。这就是嗜好给男人带来的好处，每一个男士都有脆弱的一面，遇到这样脆弱的时刻，他们常常是不愿意让妻子看见的，他们更愿意用自己的方式去解决。给他们一些独处的时间以及个人的休闲方式，让他们顺利地调节自己，然后精神百倍地投入到工作中去。

让丈夫在工作之外有一些自己的爱好，不仅能使丈夫得到宣泄和释放，也会让妻子得到一些益处。

我的表姐就是这样一位幸福的女人，她嫁给了詹姆斯·哈里斯。詹姆斯是一家大石油公司的地区审计员。可能白天一直从事的审计工作太过枯燥，因此他培养了一项极具艺术感的业余爱好，那就是装饰室内和维修家具。当然，我的表姐很是欣赏他的这一爱好，毕竟他们漂亮怡人的客厅和卧室的装修都是出自这位先生之手。

詹姆斯还有一个爱好，那就是训练马克为大家表演一些小把戏。马克是表姐家的黑色苏格兰小猎犬。虽然训练员以及表演者都是业余的，但是这个爱好却为大家带来了无尽的欢乐。马克最拿手的把戏是弹钢琴，一开始它只是用前腿弹，后来便渐渐学会了用后腿弹，现在它几乎可以用四条腿同时弹奏。

妻子们如果能够鼓励丈夫培养一些兴趣爱好，帮助他打发一些无聊时间，那么就不必担心丈夫花心思去找别的女人了。

但是对于丈夫的爱好还是有一些值得注意的地方。有心理学家表示，当男人们对自己的业余爱好给予了过分的关注，甚至超过了本职工作时，各位太太们就要注意了，你的先生可能是在工作中遇到了麻烦。所以，才要利用爱好来逃避掉工作上的困境。一定是有什么原因让丈夫受挫了，才会发生这样的状况。如果发生了这样的事情，聪明的妻子就要积极地帮助丈夫分析原因，找出事情的根源。爱好的真正价值，是帮助人们缓解工作上的压力，舒缓紧张的心情。人们需要做的是利用一些业余爱好，达到恢复对本职工作兴趣的目的，而不是拿来代替工作。

一些与生俱来的爱好，还能在艰难的时刻帮助人们渡过难关。阿莱克·G.卡莱克夫妇在这方面就有深刻的体会。战争时期，他们被关在了战俘营中。

那时，卡莱克先生正在某股票交易所中工作，他和太太露丝在1941 年拘捕，与另外 1874 名战俘一同关押，时间长达 30 个月。在那里他们不得不忍受饥寒交迫的困境，那是一段痛苦的牢狱生活。

后来，他在接受采访时说："那 30 个月的悲惨经历，再次印证了一个道理，那就是一个人能够被剥夺财产、家庭，甚至他喜欢的一切东西，但是只要他能够对那些敌人无法毁灭的东西建立起兴致，那么他的精神就不会被击垮。我说的是一些来自天性的爱好，比如一些在音乐和文学上的喜好，这是谁都无法剥夺得了的。"

卡莱克先生对圣乐有很大的兴趣，在战前，他就曾组织过上海圣乐合唱团。在那艰难的 30 个月中，他仍坚持不懈地在战俘营中推广唱诗班。卡莱克夫人更是想尽办法在她能带进来的东西里加入许多乐谱，这样，唱诗班就有机会练习到更多的曲目。在卡莱克先生的指挥下，唱诗班几乎能够唱出所有的圣乐，从圣诞颂歌到苏利文与吉伯特的轻歌剧，他们都能够演唱。

从卡莱克夫妇特殊的经历中，我们可以看出，一些出自于天性的爱好足以成为他们的精神支柱，支撑他们渡过所有的难关。"我愿意鼓励这个世界上的每一位男士和女士，培养你们的兴趣和爱好。在无所事事的状态下，你会发觉拥有一项爱好是很幸福的事情。不管这个状态是你们主动提出的，还是被迫选择的。"

为什么不听从克莱克先生的建议呢？他的话具有如此大的建设性。你要做的不过是帮助丈夫培养一种单独的爱好，和提供足够的时间和空间来享受这些爱好。

有一个单身贵族跟我谈论他理想中的伴侣形象，他的结婚对象一定要能够陪伴着他，并且当他想要独处的时候，能够尊重他的意愿，让他独自去做喜欢的事情，如果他现在能够遇到一位这样的女士，他肯定会毫不犹豫地拉她的手共入教堂。

家庭主妇们独处的时间很多，使独处的概念对她们来说，已经是很模糊的了，因此她们通常不能了解为何丈夫会有这方面的需求。其实，有的时候，一个被妻子"撇下不管"的丈夫并不意味是孤独的。相反，这位男士可以说是从妻子的拘束和需求中得到了自由。一个能够以自己的方法来支配灵魂的男士，至少能够享受到自由和独立的感觉。

有的丈夫在某个周末与朋友们一起去打保龄球，或者玩桥牌。他们的活动脱离了妻子的干预，因此也显得很自由。有些男士并不会和朋友们聚会，而是喜欢独自做些什么，比如去河边钓鱼，或是读上一本侦探小说，还有的人会检修一下自己的车子。无论丈夫用这些时间做了什么，都不要去试图干涉他。调适心情的方法，每个人都有所不同。能够尽心促成丈夫在工作之外，用独处的方式进行放松的女人，无疑是最聪明的。我相信我的太太就是这样一个聪明的女士。

每到星期天的下午，我都要出门一趟，这个习惯维持了20多年。

这样的下午，是我和我的作家朋友荷马·克洛伊共处的时光。我一直认为，并不能因为自己结婚了，就放弃享受这个乐趣。我知道桃乐丝最开始会有些不适应我单独离开，尤其是在美妙的周末时光，因为毕竟整个礼拜我们都是共同度过的。但是，桃乐丝做出了聪明的选择，很快就理解了这样的独处对我的重要性。我和克洛伊在那样的下午得到了许多乐趣。我们在森林中散步，进行一场轻松的调侃，或是到平常去不了的餐馆去饕餮一顿，甚至有时仅仅是在家吃光冰箱里所有的食物。无论我们做了什么，都只是为了一个目的，那就是享受自由的时光。我和克洛伊用一个下午的时间做着许多孩子气的事，为彼此带来了莫大的快乐。在这个相聚结束后，我们都会非常愉快而平静地回到各自的家中，然后准备继续第二天的工作。

毫无疑问，丈夫也需要从紧紧勒住自己的腰带中释放出来。妻子们如果能够帮助他们培养一些有趣的娱乐方式，并且给他足够的时间和空间，去享受这样的爱好带来的自由，那么我们做的事情一定能够让他们保持住快乐的心情。

一个沐浴在快乐与幸福中的男人，一定会比一个惧怕妻子且受到约束的男人，工作得更加出色且更有希望获得成功。

加深感情

"小孩子感到不被关爱，也是导致少年犯罪的主要原因之一。"埃希尔·H. 怀斯先生在麻州社会工作讨论会上这样说道。他是纽约市少年家庭董事会的秘书，也是一位出色的社会工作专家。

我和太太都很认同他的说法。在奥克拉荷马州的艾尔·雷诺联邦少年感化院，我们曾经一同教授人际关系课程。在那里，我们深入地了解到孩子们的想法。他们普遍存在的问题就是缺乏关爱。

有一个少年说，他的母亲从来不给他写信。他写信告诉母亲自己在这里参加了一些课程，并说自己现在已经感觉好多了。不久之后，他终于收到了母亲的回信，可是他的母亲却在信中说，监狱才是最适合他待的地方。

还有另外一个叫作汤米的少年，是一个19岁的男孩，他在长达10年的时间里，都是在孤儿院、管教所以及监狱中度过。这个不幸的孩子说："我最渴望的事情，就是能够有人来爱我。但是我从来得不到这样的爱，也没有人愿意要我。我在16岁以前，从来没有得到过一件圣诞礼物。"

毫无疑问，这些极度缺乏关爱的孩子，常常会做出违法的事情，他们用这样的方式来弥补爱的匮乏，这样的补偿就像一个饿昏头的人，当他猛然看到了一点食物，即使这些食物会对身体产生极大的坏处，他也会毫不犹豫地吃下去。

爱是世界上最好的精神食粮，我们从它那里获取精神和力量，来维持我们的成长和生存。如果这个世界没有了爱情，我们也就没有道德可言，跟动物就没有两样了。

"一般而言，即使是普通人也能够做出一些正确而非凡的事情，那就是从来都不会认为自己得到的爱已经足够多，他会一直努力去寻求爱。"心理学家高登·W.沃尔波特这样说道。

爱情能够产生奇迹，你对丈夫的爱也是促使他不断成功和进步的源泉。如果你是真心爱他的，你就会为了他的进步和快乐，心甘情愿地去做每一件事。

毫无疑问，你的子女也会在这样的爱中得到滋养。保罗·博派诺博士在全国教师家长联谊会中说道："在教师家庭联谊会上，如果我们在会上完全不去谈论孩子的事，而只是谈如何使丈夫和妻子更加恩爱，这也能使小孩获得幸福。"提升你们的爱情，对你们生活的方方面面都是有益的。

如何加深爱情的深度呢？下面有一些建议可以作为参考。

NO.1　爱心要时时体现

吉姆是我的一位老朋友，很不幸，他去世了。他的太太曾经给我写了一封信，提到了他们夫妇以前的许多事情，有一件事情一直让她耿耿于怀，就是这位太太从来没有向她的丈夫说出她的爱。而如今，吉姆永远也听不到了，这是一件多么令人遗憾的事情。

很少有太太懂得向自己的先生表达爱意。鲁易斯·M.特尔曼博士曾经做过一项研究，在调查了1500对夫妇之后，得出这样一个结论：丈夫认为造成婚姻不和谐的最主要原因，就是妻子不懂得表达爱意，这仅次于唠叨。

女性们大多数时表现出来的都是能干，当然这里指的是绝大多数女性，她们能够镇定地应付各类危机，出色地打理好家庭事务。即使当丈夫的事业失败了，或是患上了绝症，哪怕他们进了监狱，妻子们也依然像直布罗陀海峡的岩石那样坚强。但是当生活归于平静之时，妻子便会忘记一切，也忘记给予丈夫最渴望的爱情点心。她们从来不会向丈夫诉说自己是多么的需要他，或者告诉他，他在自己的心中占据着多么重要的位置。

据调查，很多女性结婚的目的是为了拥有安全感，以及一个属于自己的家庭和子女，甚至还有一部分人只是为了避免成为剩女。然而90%的男性结婚的原因，却仅仅是因为他们陷入了爱情中。

绝大多数的女士都认为自己是弱小的，理应被丈夫呵护，她们需要甜言蜜语。但同时我也发现，那些抱怨丈夫不会对自己甜言蜜语的女士，也很少向丈夫传达爱意。威廉·波林吉尔博士说过："有些女人实在是太以自己为中心了，她们从来不愿意将自己的爱传递别人。"换句话说，经常得到丈夫甜言蜜语的妻子，都是善于向丈夫传达爱意的。

"许多丈夫的心思不缜密，他们无法察觉妻子身上的衣服是新买的，既不会给予妻子赞美，也不愿意做出爱的表示，为此，他们没少受妻子的埋怨。然而，与此同时，这些妻子也是在用冷漠的态度对待自己的丈夫，然后这些女人会奇怪，为什么她们的丈夫会喜欢去称赞那些风度翩翩的女士，而无视自己的妻子？爱情饥渴症并不是女人们的专利，男人们也会患上同样的'病症'。"德罗西·迪克西这样说过，他是研究两性关系的专家。正是因为男士也会患上这类"病症"，有些女士便要利用这一点来要挟丈夫。马里兰高等法院审判过这样一个案子：有一位太太从丈夫那儿没有得到足够的钱，便不再和丈夫说话。法院认为，爱情不是商品，不能做出定价来供双方买卖。于是那位太太败诉了。

有人曾经做过这样一个绝妙的比喻，他说："夫妻双方对爱情的冷淡，就如同精神食粮的缺乏。妻子们要注意，男人们不是靠面包就能够生存下来的，男人们也会有需要甜点的时候，比如一块撒了糖的蛋糕，那是爱的蛋糕。"

NO.2　宽容，不要斤斤计较

孩子们太顽皮了，就必须严加管教，晚餐很重要，所以一定要安排得营养而可口，家里的窗几要明亮照人。一位优秀的家庭主妇，一定会具有某种程度上的完美主义，她们过分关注细节，而使重要的事情被忽略了。提升爱情的深度，在不好的事情发生时，也要保持良好的心情去面对，而不是因此而闹得鸡犬不宁，这样才能够巩固好你们之间的感情。

"当我进到一户人家，看到一个过分整洁的客厅时，"乔治·吉恩·纳森说，"我就会感到这个家里的夫妻的感情，也像他们的客厅那样，机械又冰冷。从某种程度上来说，一个略显凌乱的家，反而能带给人一种温馨的感觉，让人感觉到温暖的爱，以及幸福在这个家中存在着。我遗憾地发现，其实爱情和整洁有序的家庭环境是无法共存的。不得不承认，一个深爱着丈夫且也被丈夫所爱的女人，是无法成为一个优秀的家庭主妇的。"

纳森先生的话也许有些夸张，或许只是一个单身汉的玩笑，但是我们也可以从中体会到一点，那些要求完美的家庭主妇们，是不是总表现得过于紧张？好的妻子应该拥有一颗包容的心，遇事不要斤斤计较。她们不会因为盯紧某一棵树，而忽视了整片森林。

NO.3　具备宽广的胸怀

世界上最美好的事情，就是两个相爱的人携手走进婚姻的殿堂。

但是爱神对于你们的考验远没有结束。爱情是慷慨的给予和奉献。婚后，很多妻子都能在大事上做出让步，却忍不住在小事上面斤斤计较。她们总是对丈夫的前任女友耿耿于怀，尤其是丈夫在无意中提起了这位前女友时，妻子的神经就会表现得过于紧张。好妻子在这时候应该做的，是尽自己所能地去赞美她。假如你只会酸溜溜地讥讽她，也未免显得你太小心眼了。

我的父亲在与母亲结婚前，曾经和一位美丽的红发女士订过婚。我的母亲总是不遗余力地赞美那位女士的美貌，并且是发自内心的，我的父亲听到之后总是表现出一副若无其事的样子，有时也会不好意思地偷笑。其实父亲更爱母亲的容颜，但是也会因为母亲称赞他的眼光好，而显得很高兴。

NO.4　对丈夫也要表达谢意

如果丈夫带你到戏院去看了一场戏，陪你度过了一个愉快的夜晚，或者送给你一束美丽的玫瑰，又或者只是帮你倒了早晨的垃圾。那么作为妻子，都应该向丈夫表达谢意。

如果妻子总是把丈夫做的事情，认为是理所当然的，那么接下来就有你伤心的了。因为丈夫很快就会停止做那些取悦你的事情。有时候妻子们并不知道，丈夫为她们做了许多微不足道的小事，因为太太们已经习惯了。珍妮也像这些妻子一样，认为她的丈夫从来不会为她分担家务，也从来不会为孩子换尿布，甚至连水龙头也不会拧紧，一杯水都不会为自己倒。但是有一年的夏天，他去了欧洲，经过了这段分居之后，她才惊讶地发现，其实丈夫每天也做了很多事情，但是她却从来没有想过感谢他。如今当她一个人做事时，才发现了这个事实，珍妮不禁为以前的想法感到羞愧不已。

NO.5　要互相体谅和关怀

深爱丈夫的妻子首先会愿意满足丈夫的需要，如果丈夫刚刚工作结束回到家，想要休息一会儿，那么你就不应该穿戴整齐地想要出去。

我的妻子也是经过了一段时期的努力才做到的。那时候我们刚刚结婚，准备在奥克拉荷马州度蜜月。那时的桃乐丝对美国传统的蜜月之旅充满了幻想，温暖的烛光、悠扬的小提琴声、浪漫的气氛和情调，这些幻想都使她向往不已，也向我表达了她的快乐。可是意外出现了，我到那儿之后要做一个星期的演讲。结果可想而知，我和委员会的成员们坐在一起，一边和赞助商协商，一边准备自己的演讲稿，忙得不亦乐乎。而桃乐丝则作为新娘，独自在寂静的宾馆孤独地欣赏婚纱。那时的我实在是太忙了，忙得连见桃乐丝一面都要先和助理商量时间。桃乐丝在我们短暂的相处时间里，表达了她所有的不满和愤怒。她的愤怒来得很有道理，毕竟这是属于我们的蜜月之旅。因此，在那段时间里，我很理解她，在她愤怒的时候极力地安抚她。桃乐丝后来对我说，很感谢我在那时没有让她收拾东西回她母亲身边，我的关怀和包容，让桃乐丝从一位任性的孩子成为一个成熟的妻子。

因此，她始终认为自己是非常幸运的。婚姻只适合大人，因为只有大人才能做到体贴和包容对方。

也许有的妻子会不甘心，她们认为自己的奉献从来得不到回报。女人将一生都慷慨地奉献给了自己的丈夫，可是丈夫会因此而感激妻子吗？我敢向你保证，他们一定会感激的，只是一个早晚的问题。

"我是如此的幸运，因为上帝让她选择了我。假如重回 22 年前，即使我对现在的一切一无所知，只要她愿意嫁给我，我还是会选择和她在一起。我能够回报她的，就是让她知道，没有她的相伴，就不会有我现在的成就。"这是华为克·C.安格斯先生说的话。这些话也是每一个得到妻子关怀的丈夫的心声。一个甘愿为丈夫努力付出的妻子，是一定会得到丈夫的爱的，这是确凿无疑的。

假如你的丈夫在你那儿体会到了宁静与幸福，那么他就拥有了更多的机会，去带你享受更高、更好的生活水平。没有爱情的成功不能称为真正的成功，没有爱情作为基础，财富和权势就如同废物。

_12_

第 12 章
完善自我修养

"神照着自己的形象造人，也是照着他的形象造男造女。"

假如说，我们都是由上帝创造的，那么毫无疑问，上帝在创造女人时，是带着更多的情意的，使用的材料也更好一些。因为，女人是如此的美好，或娴静如水，或弱柳扶风。这世界也因为女人的存在而显得更加可爱。

微笑，驱散阴霾

最近我出席了一场在纽约举办的宴会，在宴会上认识了一位女士。这位女士有丰富的遗产，可能是她想给大家留下一个好印象，所以她一直花费大量的金钱从各地搜寻奢侈品，从名贵的貂皮大衣到昂贵的珠宝首饰，她身上的饰物总是昂贵得令人咋舌。在别人都羡慕这位女士能够拥有如此多财富的时候，我却发现了一个问题：这位女士根本不懂得装扮自己的面孔，她的脸上总是充满了尖酸刻薄和自私不屑。因此再多的钻石珠宝，也无法使她焕发光彩。她肯定不明白男人们真正想要的是什么。一位女士的气色比她身上穿戴的饰物更重要，她的微笑胜过了貂皮大衣，她眼中的善良也比脖子上的钻石项链更闪耀。顺便说一句，如果你的妻子想要买一件貂皮大衣，那么不要忘了对她说这句话。

史瓦波先生我说过，他肯定是一个百万富翁了，因为他的微笑就值得一百万美元。的确是这样，史瓦波先生认为的成功法宝，就是微笑。史瓦波的性格魅力以及他使人高兴的能力，使他一路奔向成功。而在他个性中最迷人、最重要的，便是他的微笑了。他的笑容打动了每一个人。

微笑会让人感到你很和善。微笑会让对方迅速知晓你的心意和诚挚。当你微笑着说出"我喜欢你，你让我幸福，我很高兴能与你一起"时，我想任何人都会沉溺在这份醉人的温柔中。想想我们家那只讨人喜欢的小狗吧，它是那么喜欢看到我们，我们刚打开房门，它就会奔过来，那兴奋的样子让我们感到它的心都快从肚子里跳出来了。我们忽然领悟到自己对它而言是多么的重要，而我们当然也因此更愿意见到它。

"那些脸上常常带着笑容的人，在管理、推销以及教育事业中更容易取得成功，也更容易培育出快乐的后代。相比愁眉苦脸、皱着眉头的表达，笑容更能够传情达意。这也就很好地解释了，为什么越来越多的人提倡用鼓励和微笑来取代责骂和体罚。"这是詹姆斯·麦克奈尔对微笑的看法，他是密歇根大学的心理学教授。

一位服务于纽约一家大百货商店的人事经理也说过："我宁愿雇用一位脸上有阳光般笑容而没有受过教育的女孩，也不愿意聘用一位没有笑容的、冰冷的女博士。"

我们无法一眼看穿人的本质，所以很多时候，我们也无法分辨他人脸上的笑容，是出于何种意图。但是我们不能否认的是，笑容的影响力是极大的。美国电话电报公司是全美最具有影响力的公司，这家公司有一项栏目叫作"声音的威力"。它为使用者们提供了免费通话服务，以便推销一些商品和服务。在这个栏目中，电话公司建议员工们在打电话时都要面带微笑，因为笑容是可以通过声音传达的。

我曾经对前来参加培训班的一些商界学员们，提出了这样一个建议：花上一个星期的时间，对你遇到的每一个人保持微笑。一个星期之后，大家来到培训班，我询问起这件事，想知道他们的感受究竟是怎样的？纽约证券交易所的会员威廉·史丹哈德，曾经给我写过一封信详细说明他的感受：我可以告诉你，好几百个按照我的建议去做的人，都有和威廉一样的感受。

"我已经和妻子结婚18个年头了，我是一个严肃的人。从早起到上班，我都很少对妻子露出微笑，或者是停下来与她说上一两句话。连我都认为自己是在百老汇匆匆行走的人当中，脾气最坏的一个。

"我也很想改变这样的性格，因此就采纳了您的建议，开始为期一周的微笑生活。其实起初我认为自己是肯定要失败的，可能一天都坚持不下来。那天早上，我梳头时，看见镜子中阴沉而严肃的面孔，便暗暗对自己说'威廉，今天要做一个全新的自己，扫掉脸上的愁云，从现在开始微笑吧！'然后我走出去，坐到餐桌前，对妻子说'亲爱的，早上好，我们吃早餐吧！'我相信在说这句话时，我是带着微笑的。

"我的妻子简直惊呆了。我记得您提醒过我们，周遭的人对这样的变化可能会感到惊讶，可我还是低估了她的反应程度。我告诉她，在未来的一周里，她都能看到我脸上的笑容。做了这样的说明后，我便坚持执行了下来，并且坚持到现在。这对我来说，真是不可思议。我们家在这两个月中获得的快乐，比过去两年获得的快乐还要多。

"不仅如此，当我在办公室遇到了同事，我也会大声地向对方道早安，并冲他们微笑。慢慢地，我跟每一个人都打招呼，对看门人也笑脸相迎，对地铁售票处的服务员道谢，我还会对在交易所大厅中陌生的人微笑。不久，我就发现，身边的人也开始对我微笑了。对于那些冲我发牢骚的人，我也不再像以前那样恼怒地离开，而是和颜悦色地对待他们。每当他们看见我的微笑时，他们也就不再发牢骚了，问题便得以解决了。微笑给我带来了巨大的财富。

"我和另一个经纪人共用一间办公室。由于我很高兴有现在的进步，便与这位经纪人分享起这期间的心得。这位经纪人说，起初与我共用一间办公室时，看到我整天阴沉着脸，他还以为我是一个郁郁寡欢的人。直到最近，他也感受到了我的变化，他说，当我微笑时，他觉得我是一个很温暖而亲切的人。于是我们现在成了无话不谈的好朋友。

"不仅如此，我在其他方面也发生了变化。我过去很爱批评他人，而现在的我懂得了从各个方面去欣赏和赞美别人。我也不再只考虑到自己的需要，学会了站在别人的立场去思考问题。我的生活被这些转变影响，也变得更加美好了。现在的我更快乐，也更充实，并且我还赢得了许多人的友谊。这些才是最重要的。"

应该提醒大家的是，威廉是一位饱经人情世故的，与各色人等打过交道的经纪人。他在纽约的证券交易所的工作做得十分出色。我想大家都知道证券交易所是一个竞争十分激烈的行业，据说它的失业率是99%，也就是说每100个经纪人中便要淘汰99个人。

听到这里，你还不愿意试着微笑吗？我们应该怎样开始尝试呢？对于一个很久没有微笑过的人来说，重新开始微笑也不是很困难的事，或许你可以尝试以下的两种方法：第一，强迫自己微笑。渐渐地，你便能够进入那种状态了；第二，在你独处的时候，不妨吹吹口哨或是哼个小曲。

那些在炎热的夏天，流汗做苦工、日薪只有7美分的工人的笑颜，和那些在公园悠闲散步的富翁是一样的。

有一次，我在纽约长岛火车站的台阶上，遇到了三四十个挂着拐杖的残疾儿童。当时他们在吃力地上台阶，其中的一个男孩已经没办法自己行走了，只能由别人抱着移动。但是他们每个人的脸上都洋溢着笑容。周围的人也都像我一样，沉浸在孩子们那阳光般的笑容里。我认为我们应该向这群可爱的孩子们致敬，他们为我上了一堂生动的课，我永远也忘不了他们的笑容。

玛利亚担任一家公司的主管，因此可以独享一间办公室，但她也有自己的烦恼。当她听到其他办公室的同事聊天、欢笑时，心里感到非常羡慕。上班的第一天，当她经过办公室的大厅时，甚至不好意思与大家打招呼，只能害羞地别过头去。几个星期之后，她感到必须改变自己。于是玛利亚在出来倒水的时候，脸上总是呈现出迷人的笑容，并会与她遇到的每一个人打招呼。这样做的效果是非常明显的，别人也都对她回以微笑。如今，玛利亚感到以前那比较暗淡的过道，也因为大家的笑容而变得宽敞明亮起来了。

玛利亚的工作环境也随之改变了，她与同事的关系越来越融洽，也因此结识到许多新朋友。她感到自己的生活和工作都变得更加愉快和有趣了。

阿尔伯特·哈伯德曾经提出一段睿智的忠告，让我们再来细细品读一下，但是除非你将它付诸实践，否则只是停留在阅读的阶段，就不能起到良好的作用：

你每次出去的时候，都要缩紧下巴，昂首挺胸，并且深呼吸；在阳光下沐浴，微笑着冲每一个人打招呼，每次的握手都要用力。

不要怕被误解，不要把时间浪费在仇敌的身上。要在心中明确你喜欢做的是什么，然后为此坚持不懈，勇往直前，专注精神大展宏图。随着时光的流逝，你会感到你已在不知不觉中抓住了机会，实现了愿望。

在脑海中想象你希望成为的那个人，那个有能力的、诚恳的、有作为的人……思想的影响是无与伦比的。必须树立正确的人生观，并持着勇敢、诚实、愉悦的态度。

正确的思想本身就具有创造力。一切都来源于希望，每一次真诚的祈祷都会得到应验。我们内心想要成为什么，就能成为什么。

因此，请缩紧你的下巴，昂起你的头。我们就是明天的一切。

成熟的爱

世界上没有哪一个词语比"爱"更常被人们频繁地使用和谈论了。爱是世界上最高明的事情之一，是艺术家们创作的灵感源泉，是婚姻幸福和家庭美满的根基。如果一个人失去爱或者缺乏爱，那么他的人格也会变得不完整。爱影响着人格的健康发展。

但是，大部分人对爱的理解都是狭隘、偏颇的，总是脱离不了家庭或者生理关系。长久以来，人们将"爱"与占有、自负、纵容、依赖等联系在一起。直到最近，"爱"才被定义为一门严肃的科学学科。许多社会学家、心理学家以及医生，从这时期才对这一课题投入大量的精力进行研究，他们认为"爱"是人类的基本需求，是影响人类发展的力量和源泉。而我现在要做的，就是对传统意义上的"爱"的定义进行修正和重新解读。

劳洛·梅尹博士在他的作品《人的自我追求》中说："能够接受和付出成熟的爱，是衡量人格是否完备的标准。但是大多数人达不到这样的标准，大部分人对爱的理解是既暧昧又幼稚的。"我认同这位博士的观点，真正的爱应该是成熟且深刻的。

也许我们只有先弄清楚什么不是爱，才能理解明白有助于人性发展的爱是怎样的。首先，爱不仅仅是电影中经常出现的男女约会的桥段，也不是玫瑰加香槟、牛排加小提琴的浪漫故事，不是作家笔下关于性剥削的激情。这些都是真实的"假爱"，他们只是代表了人们心理欲望的折射。

有一些父母在对孩子采取的态度上，也存在着错误的思想。他们将"爱"作为放纵孩子的借口。他们一味地溺爱孩子，如此对孩子的成长是没有一点好处的。位于纽约的杜布斯伯克儿童村，是致力于解决和指导问题儿童的教育医学机构。该机构的负责人哈罗德·P.史泰龙说："我们每天都要解决几起由于父母的放纵和溺爱，而导致孩子引发的案件。这些父母将'爱'与'姑息'搞混了。"

成熟的爱如那句话所说的"爱邻如爱己"，也像柏拉图在《对话录》中所阐释的那样："爱是从对一个人的关心开始，延伸到全人类和整个宇宙。"无论是父母与子女之间，夫妻之间，还是个人与整个人类社会之间，爱的构成都是相同的。真爱是不会阻碍人成长的，它肯定了人的某些人格，对一个人的成长起着促进的作用。

我就认识这样一对夫妇，他们对女儿的婚姻很是不满，因为她的结婚对象住在一个很远的地方。这位母亲无法抑制内心的哀伤："为什么詹妮不找本地的小伙子结婚呢？我们分离那么远，肯定无法经常见面了。我们这样辛苦地将她抚养成人，她怎么能这样对待我们！难道我们两个还比不上那个千里之外的男人吗？"

当你告诉她，这样的怨恨都是起因于母亲不爱自己的女儿，她一定会对你的说法大吃一惊。的确，这位母亲混淆了"爱"与"占有"和"自我满足"的定义。

爱应该是缠绕在手中的风筝线，无论风筝飞得多高，那根线永远连接着彼此。因此，真正的爱，不在于看紧自己所爱的人，而是在恰当的时候放手让他高飞。一个成熟的人，不会试图占有任何人的感情，他会让所爱之人得到自由，就如同让自己获得自由。

作家普瑞西拉·罗伯逊这样解释过"爱"：

爱，包含着给你爱的人需要的东西，是为了他，而不是为了自己。想想别人是怎样将你需要的东西送给你的；

爱，包含着给孩子们需要的独立，而不是那种"家长作风"式的剥削和控制；

爱，包含着各种性关系，但这并不是对自负或青春期的狂乱追求的利用。

我对爱的定义还包括：爱那些曾经帮助你更了解自己的人，帮助你成为你想成为的人，例如你的老师和朋友。

它还包含着善良，包含了对全人类的关怀；它不是在一个人需要面包的时候，投掷石头；也不是在他需要理解的时候给他面包。

我们认识很多自作聪明的"善心人"，他们总是把我们不想要的东西硬塞过来，而把我们真正需要的东西扣着不给。我认为，这些人不应该被列入爱心者的行列；我还认为，心理学家也会得出这样的结论，那就是他们无用的爱心在不经意间制造出来的其实是敌意。

要想具备爱的能力，我们就必须关心所爱之人的健康与成长，尊重他们的个性，允许他们的个性自由发展，为他们创造自由的氛围。这些都是成熟的爱具备的要素。爱一个人就是为他提供健康发展的土壤、空气以及水分。

有时候人们也会把"嫉妒"和"爱"混淆不清。实际上，"嫉妒"其实是人们缺乏激发情爱能力的结果，"嫉妒"是占有和驾驭他人的消极渴望。假如人们学会用付出来取代这种占有欲，那我们就能够克服嫉妒，并且学会爱。

一位优秀的女士，心中的爱也必定是成熟的。这样成熟的爱也会让她得到幸福。在我的女学员中，就有一位这样的女士。她起初和大多数人一样，并不了解爱的真谛。但是经过自身的不断努力，她终于克服了心中的嫉妒，也学会了如何去爱。

"我从 10 年前便陷入了嫉妒的深渊，那时的我感到痛苦不堪。我担心失去丈夫的心，虽然他并未做出任何对不起我的事，而且我也没有发现他有一丁点要离开我的迹象。那时候，我想假如我真的找到一些证据，也许痛苦就会减轻一些，因为那样的话，我就不必整天活在恐惧和担心之中了。那时的我，简直到了神经质的地步，我做了许多极其可笑的事情，比如偷偷翻看丈夫的皮夹，检查他汽车烟灰缸里的东西。不仅如此，到了夜晚我还会忍不住开始哭泣，而到了第二天早上，我又要重新开始猜忌。"这位女士在课堂上讲述了她那段糟糕的经历。

"一天，我突然看到镜子里的自己，简直连我自己都认不出来了，那个头发乱糟糟、脸色暗沉的人是我吗？我感到自己是这样令人厌恶，我的衣服像套在扫把上的大袋子！

"一刹那，我就决定不能再这样下去了！我首先告诉自己，这样的担心是毫无依据的，我的先生一点过错都没有。问题出在我自己。我必须改变，否则就会住进精神病院了。

"我开始制订计划，重新做自己。首先从仪表开始，我减少了做家务的时间，改变了自己的扫把头形象。每天还要保持足量的休息，以恢复自己的体重，因为那时我的身体状态十分差劲，简直是骨瘦如柴。等到我的身体恢复得差不多时，我便找了一份推销化妆品的工作，希望借助工作来转移自己的注意力。当我的外表发生了变化时，我的心态也逐渐平和起来。担心和恐惧也逐渐消散了。

"当然，我的丈夫也看出了我的改变，他也积极配合着我的计划，从而我们之间的感情更加深厚了。如此一来，我将原来浪费在嫉妒上的精力，放到了工作中去，也使自己成为丈夫更加喜欢的妻子。"

这位女学员在明白了爱不是强迫，而是肯定之后，使自己从阴影中走了出来，重新获得了爱人的能力，也让家庭得到稳固和安宁。

当我们的心中充满了嫉妒、占有欲和支配欲等消极因素时，爱人的能力就会逐渐减弱。就如同任由野草在花园中疯长却不去清理，最终只会导致所有的鲜花都被淹没在野草之中。

在家庭这个小社会中发生的悲剧，一般都是由于我们打着"爱"的旗号对家庭成员进行伤害，虽然他们的本意并非如此。苛刻的父母会辩解说，他们所做的一切都是为了孩子好；溺爱孩子的父母说，他们只是想让孩子过得更好一些。俄亥俄州哥伦布城的 S.F. 艾伦夫人就为我们讲述了这样一个动人的故事。

几年前，艾伦夫人和丈夫决定离婚，她独自面临着抚养两个孩子的重任。最开始时，她感到自己无法承受这一切，简直快要垮掉，艾伦夫人认为最好的教育方式，就是严厉地管教。

艾伦夫人就这样独断专横地管教着两个孩子，从来不接受他们的解释，也不听从孩子的意见。大事小情都是由艾伦夫人自己做主。她规定孩子们在什么时间应该做什么，孩子们没有独立思考的机会。他们只能遵从艾伦定下的规定。那时的艾伦简直是孩子们的军事教官。

"我发现，家中开始出现了一些微妙的变化，孩子们对我躲躲闪闪，甚至不愿意与我交谈。他们害怕我，但是我起初却无法理解这种情绪，还会奇怪为什么孩子们会害怕自己的母亲？"

当情况持续恶化的时候，艾伦夫人开始反省自己的行为。"我忽然感到自己并不是在教育孩子，而是把离婚的压力发泄到了孩子的身上。你们应该能够体会到，当我得出了这个结论时，内心有多么震惊。我令孩子们在无形之中，承担了我的痛苦，这就难怪孩子们会逃避他们的母亲了。"

艾伦夫人继续说道："知道了原因之后，我便开始努力消除强加在孩子们身上的压力。我一面向上帝祈求，一面试图找到更好的方式去教育孩子。首先我不再把他们作为自己的出气筒，而是抽出一些做家务的时间来和孩子们相处，和他们一起玩耍。我也不再直接给他们下命令，而是从旁指导他们。

"经过一段时间的努力，我的心情也得到了缓和，生活中又重新充满了欢声笑语。爱、亲情与幸福，都反映了我和孩子们的身上。我们的关系再次和谐起来，并且更加坚固了。在这样的氛围下，我也能更好地投入到工作中去，最重要的是，孩子们能够健康地成长。"

这位离婚的女士不仅学到了如何去爱，还知道了应该如何用爱去治疗家庭创伤。

爱的能力，不仅决定了我们和家人的亲密程度，也决定了与他人的关系。很多时候，我们对工作、朋友、同事以及对整个世界的态度，都是与我们对家人的态度有直接关系的。

如果你希望得到一生的幸福，就必须学会如何与人和谐相处，而且一定要拥有成熟的爱的观念。

不断学习的女人永远不会落伍

1956 年 2 月，《纽约时报》刊登了一篇对伊萨克·普莱斯勒的专访。普莱斯勒究竟是什么人，值得《纽约时报》花费这么多的笔墨来叙述他的事迹？

普莱斯勒先生白天在一家百货公司当销售员，但是他并不满足于售货的工作。他走进了夜校，花费四年时间完成了高中阶段的学习。之后又进入了布鲁克林学院念夜校，并且准备完成了大学课程之后，继续攻读法律专业。在大学一年级时，普莱斯勒在他的论文《快乐是什么》中写道："获得高中学历，进入大学，然后期待做一名律师，这就是我最大的梦想和快乐所在。这样的期待能增添内心的快乐。大学是花五年，还是更多的时间，都要取决于我的努力程度。完成大学课程之后，我还要进行五年的法学学习。"

如果这个计划是由一个年轻人制订的，那么这一定是一个有抱负的年轻人。但是如果我告诉你，普莱斯勒先生是在度过了 60 岁的生日之后，才决定上大学的，你们会作何感想呢？这就是《纽约时报》为他写专访的原因。他深深地明白，对于一个成熟的人而言，学习是一种快乐，而任何年龄的人都能够体会这样的快乐。

哈佛大学曾经的校长 A. 劳伦斯·罗威尔博士曾经说过："大学教育以及一些教育培训机构，所能交给我们的只是如何帮助自己的方法，而我们必须学会的，是自我的帮助。教育不是仅存在于你生命的前 20 年，它是需要贯穿一生的事情。可以说，教育是内心的需要，教育也是一个扩充心灵、促进发展的过程。"因此，教育不应该只局限在校园内。

一旦我们在这一点上达成了共识，之后无论我们处于生命中的哪个阶段，或是在任何一个地方，我们都能够进行自我教育和完善了，而我相信这也一定会给你带来非凡的体验。我想任何投资都比不上这样随时随地获取知识。

美国人最喜欢的新闻评论员罗威尔的父亲——罗威尔·托马斯博士，是我最崇敬和敬佩的人。他是一位具有很高文化素养的绅士，为人睿智、博闻强识、热爱钻研。另一位渊博的博士——诺曼·文森·皮尔博士曾经这样评价过托马斯博士：

"我结识托马斯博士的时候，他年纪已经很大了。当时，他已经患了病，身体也步入衰老，但是他的心灵还是像年轻时那样睿智而深远。当我们进行过礼节性的寒暄后，托马斯博士便抓住了我的手说：'诺曼，我想听听你对亨利八世的看法。'我感到非常惊讶，但还是如实向博士表明我并不是很了解这位君王。"

"托马斯博士接着说，他目前对这位君王很感兴趣，并且经过研究后认为，史学家对这位君王存在有许多误解，接着他便道出了自己的看法。我当时就想，虽然托马斯博士的身体已经开始衰老，但是心灵却仍然在知识的海洋中游弋，并且穿越了好几个世纪。"

在我们的各种器官中，心是最基本、也是最重要的器官。如果我们能够勤于滋养并善加利用，它就会健康成长并发挥出最大的功效，但是如果我们疏于管理又缺乏使用，它很有可能会发育不良并最终退化萎缩。

同时，我们也要注意，只对心灵施以教育并不够，我们必须学会妥善应用它，并促使它对教育产生良性作用。而我们定期去参加的一些读书俱乐部、戏剧表演或是演讲会，或者去听一些专业人士的授课，这些活动只能作为我们日常交流时的谈资，除此之外并没有其他深远的意义。那就仿佛是你的薄薄的一层文化外衣，这件文化外衣与你周日休息时穿的外衣并无多少区别，你可以随时穿上或脱下。而在这件文化外衣之下，我们的心灵也不能因此而成长。唯有知识才能浇灌我们的心灵。

有一天，一位女士向我寻求帮助。从她那沮丧的神情中，我猜想她肯定是遇到了很大的烦心事。果然，她一见到我就开始诉苦：

"我丈夫的事业目前是很成功的，他担任一家大公司的经理。尤其是他的兴趣广泛，文化修养也很高。我感到自己越来越配不上他了。我没有一丁点的兴趣爱好，不会画画，也不能像丈夫那样欣赏音乐。我也没有时间去培养这些兴趣。我有一大堆的家务活要做，孩子们接连出生，根本没有时间让我去学习那些丈夫喜欢的文化和艺术上的知识。"这位女士看起来的确很烦恼，"我看得出来，丈夫已经对我产生厌倦了，可是这能怪我吗？就因为我和他以及他的那些知识分子朋友没有共同话题？"

听完她的诉苦，我并没有单方面地安慰她，而是向她提出了一个严肃的问题："现在你的孩子都已成家立业了，那么你是如何安排闲暇时间的呢？"这位夫人坦诚地告诉我，现在的她把一部分的时间用在和朋友们打桥牌上，有时候还会去看看电影或者阅读小说，但一般阅读的都是言情类小说。

显然这位女士并没有真正为改善自己的处境而做出努力。她现在有很多时间和机会，却仍然不愿意去培养兴趣爱好，只愿意把时间都花费在打桥牌或者看电影上，这也难怪她跟不上丈夫的步伐了。

那些不努力寻求进步的人，终会被这个世界遗弃。这样的人，只知道抱怨时间太迟或者太短，并且将"老年"作为自己生命的终点。这种人其实并不明白，对于一颗渴望获得知识的心灵来说，生命其实是一场永远没有终点的精神之旅。

美国舆论调查机构的创始人和罗德奖学金新泽西委员会的主席乔治·盖普罗曾经说过："很多人在获得了一定程度的文凭之后，就不会再继续学习了。他们满足于目前的教育水平。实际上，学习应该是一个持续不断的过程，从出生到死亡一直不曾停顿。"

有的人认为受过大学教育就足够了。其实，大学只是为我们提供了学习和研究的时间和场所。无论学校的教育是多么完善，你都应该记住"活到老学到老"的道理，这样才能不断充实心灵，以免在晚年经受孤独与寂寞之苦。至于那些没有接受过大学教育，或者没有上过夜校的人，自学就是获得进步的唯一途径了。

书籍蕴含着所有伟大的思想与抱负，是人类最伟大的精神结晶。在浩瀚的人类史上，出现了很多杰出的人物，我们无法认识每一位伟人，但是可以通过他们的书籍去了解他们，以及他们所处的时代。和苏格拉底一同散步，探讨形而上的哲学问题；或是与雪莱一起做梦，幻化出美妙的诗篇；又或者与萧伯纳争辩，体会他的睿智；甚至你会遇到马克·吐温，和他一同畅快大笑。同这些伟人进行心灵的交流，是我们每个人梦寐以求的事情。其实，这很简单，走进任何一座图书馆你就能够得偿所愿。

在图书馆里，假如你的手上正好拿着一本《俄国文学史》，那么你就能够走入俄国这块神奇的土地上。在那里，它孕育了许多伟人，从陀思妥耶夫斯基到屠格涅夫，再到托尔斯泰，我们看见了一个从内部开始腐朽的国家，而正是这些不朽的人物记录下了这颗腐败的种子是如何发芽，最终才开出了艳丽的革命之花。通过这些作品，我们能够学到很多富有建设性的经验！

当你准备好进行一次阅读之旅时，不用介意要按照怎样的顺序来阅读。我就从来不会制订什么阅读计划。随手翻开一本书，就会为你带来意外的惊喜。如同第一次出国旅游的人，也许他并没有计划在古老的王国中畅游，但是当他意外地身处于希腊或是埃及时，当他注视着雅典娜女神像或是雄伟的金字塔时，内心便会更容易产生兴奋，也更容易得到感悟和灵感。同时，我们也不妨挖掘一下自己对音乐、美术、戏剧、社会服务活动等方面的兴趣，这是我们拓宽视野的好方法。

我对亚伯拉罕·林肯研究了很多年，我对这位总统怀着极大的兴趣，甚至还写过一本关于林肯的传记。虽然这本传记并没有为我带来任何收入，但在我创作这本书时，学到了很多知识，至少让自己变得更完善，也更快乐，这才是最宝贵的收获。

女人一生中要做的事情实在是太多了，我们的时间也很宝贵。但是如果女士们想要永远保持住个人魅力，想要成为一个成熟的人。那么，就要从现在开始，把那些没时间学习的借口丢掉，重新开始学习之旅。即使你们在一年年地衰老，你们的面庞不再红润，你们的脚步不再轻盈，即使要经历死亡。不断失去朋友和亲人，但是记住，你们完全可以让引人入胜的兴趣来充实和滋润你们的心灵。

当我们的心灵得到了足够的滋养时，我们就不会再感到寂寞和无聊，也会更加喜欢自己。

馔工厂® | 轻经典

出 品 人：许　永
出版统筹：林园林
责任编辑：许宗华
特邀编辑：王颖越
　　　　　王佩佩
装帧设计：海　云
印制总监：蒋　波
发行总监：田峰峥

投稿信箱：cmsdbj@163.com
发　　行：北京创美汇品图书有限公司
发行热线：010-59799930

创美工厂
官方微博

创美工厂
微信公众号